MICRO REACTION PSYCHOLOGY

微反应

心理学

何成洁◎编著

—— 捕捉本能反应 窥探微妙的情绪真相 ——

 北京时代华文书局

图书在版编目（CIP）数据

微反应心理学 / 何成洁编著. — 北京 ：北京时代
华文书局，2019.5 （2021.5 重印）
ISBN 978-7-5699-2986-7

Ⅰ．①微… Ⅱ．①何… Ⅲ．①反应（心理学）—通俗读
物 Ⅳ．① B845-49

中国版本图书馆 CIP 数据核字（2019）第 063133 号

微 反 应 心 理 学
WEIFANYING XINLIXUE

编　　著｜何成洁

出 版 人｜陈　涛
选题策划｜郗亚威
责任编辑｜周连杰
封面设计｜吕宜昌
责任印制｜刘　银

出版发行｜北京时代华文书局 http://www.bjsdsj.com.cn
　　　　　北京市东城区安定门外大街 136 号皇城国际大厦 A 座 8 楼
　　　　　邮编：100011　电话：010-64267955　64267677
印　　刷｜北京兰星球彩色印刷有限公司　电话：0316-5925887
　　　　　（如发现印装质量问题，请与印刷厂联系调换）
开　　本｜710mm×1000mm　1/16　印　张｜16　字　　数｜180 千字
版　　次｜2019 年 6 月第 1 版　　印　　次｜2021 年 5 月第 2 次印刷
书　　号｜978-7-5699-2986-7
定　　价｜39.80 元

Contents 目 录

1 *Chapter 1*

探秘微反应

人性的弱点

当一个人变得富有了以后，他会结交什么样的朋友呢？是当初在一起打拼的"穷兄弟"还是那些酒肉朋友呢？每个人对此的态度都是不一样的。如今有很多人只能和你"同患难"，一旦他富裕了，却未必能够与你"同富裕"，不能共享，这是人性的弱点，也是识人的重要手段。一个人在富裕时结交什么样的朋友，将体现出这个人的品行。

一旦一个人富贵了以后，那个人的周边自然而然会出现很多同样富贵的朋友，这时候，他对待曾经的那些"穷兄弟"的态度就未必如当初了。很多人在富贵之后喜欢去巴结那些同样富贵、有权势的人，与那些曾经一起共患难的"穷兄弟"一刀两断，因为"穷兄弟"会让他丢面子，失身份。

富贵者乍贫，必好言往事；贫贱者新贵，必忌言往事。这就是说，假如一个人原本很富裕，突然贫困了，那他就肯定总会提起以前那些风光的事情；而一个原本贫穷的人突然变富裕以后，那他最大的忌讳就是谈起往事。尽管和伙伴们叙说当年贫贱时候的事看起来是一种友谊，但对于他来说，却是一种耻辱。更多时，他对那些"穷兄弟"唯恐避之不及。

所以说，在富贵面前，最能认识一个人的品行。正所谓"狡兔死，走狗烹；飞鸟尽，良弓藏；敌国破，谋臣亡"。在有困难时，人们总是愿意联合起来，这时候大家往往容易成为好朋友，成为好的合作伙伴。但当朋友不再具备与其"共患难"的能力时，人们通常会出卖朋友来保全自己。所以在生活中，无论我们是选择朋友抑或是合作伙伴，还是挑选人才时，都需要非常小心。看一个人在富裕时和谁交朋友，对了解一个人很有帮助。

在贫穷时，大家都一样，没有什么区别，必然能够在一起"共患难"，但当富裕了以后就不一样了。在这个社会上，一夜暴富以后抛家弃子，与那些贫困的朋友断绝联系，这样的事情并不在少数，这样的人，我们要尽量远离。相反，在富贵时不避讳自己那些贫困的朋友的人，才值得我们结识。

蒋天阳和彭武是一对好朋友，两个人一块在大城市里打工。有一次，蒋天阳好几天都没有找到新工作，生活都过不下去了，都是彭武在救济他，买来饭菜和他一起吃。蒋天阳感动地说："彭武，将来我发达了，一定要好好对待你！"

时来运转，过了几年时间，蒋天阳真的富起来了，他的房地产生意非常红火，这时候，很多人向他涌了过来，一时间，蒋天阳不是请客吃饭，就是去送礼，忙得团团转。而他多年的好朋友彭武这时候也没有来打扰他。不知是因为蒋天阳应酬多了无暇顾及彭武，还是彭武觉得曾经一起闯荡的朋友发财了，心中不是滋味。但蒋天阳并没有忘记自己当初的诺言。

当他听闻彭武在经济危机到来时下岗了，立即找到了彭武，送上了一笔钱，然后对彭武说："在我落难时你拉了我一把，那现在就让我帮助你一回，千万不要推辞。"彭武非常感动，他没想到已经富裕了的蒋天阳还记得当初的承诺，还不忘自己这个贫穷的朋友，他庆幸自己当初帮了蒋天阳这个朋友。

真正的朋友在富裕时从来不会把你抛弃，只有那些虚伪的人才会在富裕时把你扫地出门，去追求那些和他们地位相等或者同样富裕的朋友，这同时也说明了那些人是多么卑微。所以认识一个人，我们一定要看清他的内心，看看他富裕之后跟谁交朋友，再决定是否值得我们去结识。

通过花钱方式认清人

"尽管钱不是万能的，不过没有钱是万万不能的。"每次提到这句话，很多人都会有同感，但怎么去花钱，每个人都会有自己的方式。假如我们要认清一个人，就看他有钱时，把钱花在什么地方，这是一种很好的识人方法。

有的人在有钱之后就会贪图个人享受，吃喝玩乐，花天酒地，只管自己舒服；也有的人在有钱之后不忘救济那些贫困者，广散钱财，招贤纳士；挣了钱就投资，开商铺，建工厂，千方百计追求升值的，这也是一种人；钱多了捐出去，不给子孙留祸害的，这也是一种人；有钱存起来，不显山不露水，数钱的时间比花钱的时间还长的，这同样也是一种人……总之，每个人都会有自己支配财富的方式，这体现的就是人的一种品质。

余彭年，原名彭立珊，现为香港富得发展有限公司董事长，香港余氏慈善基金会主席。余彭年有钱，但他的钱都用在了社会公益事业上，他热衷于捐助教育和社会福利事业，是中国内地第一个建立超10亿美金民间慈善基金会的慈善家。

在对待慈善事业这件事上，余彭年有很多经典的名言："儿子弱于我，留钱做什么？儿子强于我，留钱做什么？""行善就是养生之道，行善有天知。"可以说，做善事是余彭年一直的梦想，他认为做善事能够让自己快乐。

余彭年也是经历过艰苦日子的，1958年，时年30岁的余彭年抛妻别子，经中国澳门至中国香港，从勤杂工做起，一步步做到领导，主要从事地产建筑、酒店业等。在港台奋斗50年，他终成工商界巨富，拥有几十亿资产的企业家。他经营着酒店、写字楼、房地产，并且资产遍布中国香港、中国台湾和海外。从勤杂工成为五星级酒店董事长和著名慈善家，此等成就得来不易。

他从1981年起，向老家湖南捐资2500多万元，兴建社会慈善福利事业项目20多个。1995年，他当选为深圳市人大代表。他投资18个亿在深圳市罗湖酒业中心区建造了57层的五星级酒店——彭年大厦，并许下诺言：酒店收益的纯利润全部永久地捐献给社会福利和教育事业。他作为深圳市人大常委会委员，已向市人大提出立法请求：百年之后，彭年大厦的产权不赠予、不继承，成立专门资产管理委员会负责经营管理，所得利润继续无偿永久捐献。

2003年，余彭年与中国工商银行深圳分行签署了一份慈善资产托管与监督合同，按照这份协议，银行将安全保管余彭年的慈善资产和监督慈善资产的使用。对此余彭年表示："我的钱来之不易，但自己的财产不会留给儿孙。"

2005年5月，余彭年委托工商银行公布了自己的财产数额估算，其中包括彭年酒店大楼及其在香港的房产，当时，总资产不超过30亿元。

2007年，余彭年被美国《时代》周刊评为全球十四大慈善家之一，《2008胡润慈善榜》2008年4月2日在上海宣布，被称为"最年长的慈善家"的现年86岁的余彭年以捐赠30亿元人民币再次荣获"中国最慷慨的慈善家"称号。据悉，这是他第三次问鼎胡润慈善榜第一名。

余彭年也是实际"裸捐"的第一人，在2010年9月29日的慈善晚宴上，他在现场宣布将93亿港元委托香港汇丰银行托管，百年之后全部用作慈善事业。时值88岁高龄的余彭年是拄着手杖来参加"巴比"慈善晚宴的，他说："我的观点与盖茨、巴菲特的观点一致，所以，非常高兴接受他们的邀请。"

而在平时的生活上，余彭年从不奢侈。平时他都在食堂吃饭，彭年酒店的职工食堂有余彭年的专门座位，一天三餐吃的是简单的素菜和汤。在食堂的墙上，有他的亲笔字："反对浪费，宁可多盛一次。"

据《福布斯》报道，截至2007年，中国身价超过10亿美元的富豪达到了66名，成了世界上亿万富翁最多的国家，仅次于美国。可就是在那一年，《福布斯》取消了中国慈善榜，这也是福布斯为中国富豪排名八年来，取消的第一张榜单。取消的原因，除了中国慈善体制的不完善，导致富豪捐款不愿意张扬之外，最重要的原因就在于中国富豪们的慈善意识一点也不强，对待财富的观念仍然比较保守。慈善榜的取消，是中国富豪们的尴尬。

我们经常可以看见那些开着名车，泡着夜店，大笔挥霍钱财的人，很多有钱人总在竞相攀比谁最会花钱，最会享受，假如跟这样的人在一起，你最终会为钱所累。对于一个有钱人来说，能够支配自己的财富是一种实力的象征，但怎样支配财富，则显出一个人的品格和趣味。所以，我们要对那些兼济天下的富者表达尊敬，要对那些用各种方式，直接间接地对社会有所贡献的富者表达欣赏。而对于那些独善其身的富者，我们只要认清他们的真面目就可以了。

身份、地位与礼节

一个人身份的转变，经常能使得他待人接物的行为也跟着发生变化。一些人是平民时，与人温和，平易近人，甚至有点卑躬屈膝。一旦有一天地位变了，升了官，晋了爵，连说话的腔调都变了，居高临下，傲慢不逊的毛病就会显现，一副典型的小人得志的样子。

所以，不要看一个人在平时温文尔雅，就认定他必是知书达理之人，要看他有了地位时，是否还能保持原来的礼节。

有一位美国的乡村老太太，第一次走出家门去看望自己的侄子，当她推着自己大大的行李箱走进候机大厅时，却发现，说好来接她的侄子并没有按时到来。老太太对外面一点也不熟，只好坐下来等候侄子。

由于在飞机上喝了不少水，所以这会儿老太太特别想上厕所，可是自己又带着这么大的一个行李箱，尽管里面东西不是很值钱，可是这确是自己为亲友们积攒的礼物，所以老太太只能忍耐着，焦急地东张西望，希望侄子能够早点出现。

就在这时，一个坐在旁边的年轻人看出了老太太的焦急，于是微笑地问道："太太，需要帮忙吗？"

"哦，谢谢，暂时不需要。"老太太看了看年轻人，又在心里埋怨起了侄子："这个不守时的家伙，一会儿得好好教训教训他。"

这个时候，旁边的年轻人从口袋里掏出一本书，专心致志地阅读起来。又过了一会儿，侄子仍然没有来，老太太已经憋不住了，于是向正在看书的年轻人恳求道："实在不好意思，请帮我照看一下行李，我去一趟洗手间。可以吗？"

年轻人爽快地点了点头。

老太太不久就回来了，她感激地对年轻人道谢，并从口袋里掏出了一美元，递给年轻人，道："谢谢你，年轻人，这是你应得的报酬。"

看着老太太一脸严肃的样子，年轻人接过了钱，并回了一声"谢谢"，然后把钱放进了口袋。

这时候，老太太的侄子匆忙赶到了，原来他在路上堵车了，所以迟到了。突然，他看到了老太太旁边的年轻人，惊喜地叫道："您好，盖茨先生。真是太难得了，没想到您会在这里候机！"

"哦，是的。由于我有点事情，正好来到了这里。"年轻人收起书，登机的时间马上就要到了。

这时候老太太费解地问道："哪个盖茨？"

"就是我通常跟您说起的世界首富，微软公司的总裁比尔·盖茨先生啊！"

"啊，我刚刚还给过他一美元的小费呢。"老太太满脸自豪地说。

"你确定吗？"侄子惊讶地张大了嘴巴。

"是的，我非常高兴今天在候机时还有一美元的收入。"盖茨坦然地答道。

　　真正的大人物，不会因为自己身份的提高而改变自己的处世方式，比如变得趾高气扬、傲慢无礼。但现实生活中，一些为官者却非常喜欢摆官架子，说话咄咄逼人，想借此提高自己的身份，或者引起别人的重视，结果往往适得其反。无须多言，他的行为已经向大家说明了他是一个什么样的人。事实证明，越是有涵养、稳重的成功人士，态度越谦虚温和，自然越能得到更多人的认可和喜欢。

　　林肯和大富翁道格拉斯曾经为了争夺美国总统职位而展开竞争。富翁道格拉斯排场豪华，每到一处，必定鸣炮32响，乐队奏乐，气派不凡，声势之大，堪称史无前例。道格拉斯甚至以不屑的口吻大放厥词："我要让林肯这个乡下佬闻闻我的贵族气味。"

　　而林肯这边，依旧心平气和，毫不在乎，他照样买票乘车，到全国各地演讲。他每到一站，就登上朋友们为他准备的耕田用的马拉车，发表竞选演说："有许多人写信问我有多少财产。其实我只有一个妻子和三个儿子，不过他们都是无价之宝。此外，我还租有一个办公室，室内有办公桌一张、椅子三把，墙角还有一个大书架，架上的书值得我们每个人一读。我自己既穷又瘦，脸也很长，又不会发福，我实在没什么可以依靠的，唯一可以信赖的就是你们了。"

　　最后选举结果是道格拉斯大败，林肯获胜。很显然，林肯谦虚的美德起到了巨大的作用。无论是面对朋友还是对手，谦虚始终可以为你在他人心中的形象加分。林肯之所以赢，相当一部分功劳应该记在他的谦逊上，而道格拉斯的张扬跋扈和过分的自我表现又更衬托出了林肯这种难能可贵的品质，所以这个结果并不意外。

　　《礼记》中说："君子不自大其事，不自尚其功。"所以，我们在与一些有地位的人相处时，要想摸清对方的品质，很简单，只要看他与别人相处的方式就可以了。

从"知人善任"看领导水平

当一个人身居要职时，他所举荐、重用什么样的人才，至少能透露出他的胸怀和领导水平。假如他所提拔、推荐的都是自己的亲信，或者干脆是那些能够为他带来"实惠"的人，那么此人的品质也就不问可知了。

既然身居要职，那就要具备发现人才、重用人才的能力。正所谓领导者就要"知人善任"，假如一个领导者既不能知人，也不能善任，那么他的领导水平就要被打上一个大大的问号。而那些能够不为私利而举荐能人，不因为被举荐者的水平高于自己就打压的人，才是真正高明的领导者。一个领导者所举荐的人的才能，就代表着领导者自身的一种能力。

魏文侯下决心挑选一位承相，有两个候选人：魏成和翟璜。两个人的能力都不相上下，让文侯举棋不定，于是去咨询李克，李克说道："翟璜所举荐的吴起、西门豹、乐羊，后来都成了文侯的臣子；而魏成所举荐的卜子夏、田子方、段干木，都成了文侯的老师。能做文侯臣子的，只能算是干练的官吏；而能做文侯老师的，则一定是德才兼备的大臣，所以魏成要比翟璜高明。"

如今有太多领导者在举荐人才时，往往最先看的并不是这个人的能力，而是这个人是不是和自己一条心，所以埋没了很多的人才。特别是那些和他们有过冲突，或者和自己站在不同战线的人，他们不仅不会去推荐，反而会进行打压。假如和这样的人在一起，那就很难获得出头之日。

作为一个真正的领导者，从来不会因为自身的问题而埋没了人才，只要是人才，不管他的才能是不是超出了自己，他们都会力荐，因为在他们心中想的是天下，而不是自己的个人发展。跟这样的人在一起，我们才不会为自己的才能得不到施展而担忧。

"管鲍之交"直到如今依然为人们津津乐道，其中固然赞扬了管仲的治国才能和雄才大略，但更重要的则是赞扬了鲍叔牙的慧眼识才，不为小节所动。

管仲年少时常与鲍叔牙来往，那时候管仲因为家贫，经常去骗取鲍叔牙的财物，但鲍叔牙很了解管仲的才能，所以并不为此生气，反而一直很好地对待管仲。后来鲍叔牙跟随齐国的公子小白，而管仲跟随了公子纠。齐国的君主信公死后，各公子相互争夺王位，到最后剩下了公子小白与公子纠。管仲为了替公子纠争夺王位，还曾用箭射伤公子小白。帮助公子纠争夺王位的鲁国在与齐国交战中大败，只得求和。齐桓公要求鲁国处死公子纠，并交出管仲。

鲁国人都以为管仲必被折磨致死，然而，令人意外的是，桓公却任用管仲为宰相，这连管仲也没有想到，因为宰相具有治理全国的崇高地位。而管仲曾是桓公的对手，并且是曾想杀害桓公的对手。其实管仲之所以受到重用，是因为桓公的师父鲍叔牙的推荐。鲍叔牙和管仲自小就是密友。原本是在桓公继位后，鲍叔牙要出任宰相，但是鲍叔牙却对桓公说："假如主君只以为当上齐君就满足了，或许我可以胜任；假如想称霸天下，我的才能不够。只有任用管仲为相，才能达到目的。"后来，齐桓公能够首先在春秋战国时期称霸，九次会合天下诸侯，匡扶天下正道，都是用了管仲之谋。

在《史记·管晏列传》中管仲就说过："我当初不得志时，曾经与鲍叔牙合伙做买卖，分利润时，总给自己多分一些，鲍叔牙却不以为我是贪婪，而是知道我贫困。我曾经替鲍叔牙谋划事业，但是事业发展不顺利我也更加困窘，鲍叔牙却不以为我愚钝，而是知道我做事的外部条件不成熟。我曾经多次出仕做官又多次被国君驱逐，鲍叔牙却不以为我没有才能，而是知道我是没遇到好的君主。我曾经三次在打仗时不积极参战，鲍叔牙却不以为我胆怯，而是知道我家中有老母亲需要赡养。公子纠失败了，召忽为他而死，我却忍受囚禁之辱，鲍叔牙不以为我没有羞耻之心，而是知道我不以小节为羞，而以功名在天下不显赫觉得羞辱。所以说，生我的人是父母，真正了解我的人是鲍叔牙。"

鲍叔牙推荐了管仲后，尽管自己的官职比管仲低，他却很坦然。后来鲍叔牙家人世世代代都在齐国享受俸禄，有封地的就达十几代，很多是有名的大夫。而天下人也很少去赞美管仲的贤能却常常赞美鲍叔牙善于发现和举荐人才！

一个人一旦身居高位时，才能未必能够得到别人的夸赞，而认为他位居该职就应该如此，但我们可以通过他推荐的人看出这个人是高明还是平庸。通过此法，我们就能够认识此人是一个什么样的人了。

君子爱财，取之有道

"君子爱财，取之有道。"这是儒家理财观。首先讲究的是道，讲究赚取钱财是否合乎礼义道德，是否合乎行为规范。孔子说："有钱有地位，这是人人都向往的，但假如不是用仁道的方式得来，君子是不接受的；贫穷低贱，这是人人都厌恶的，但假如不是用仁道的方式摆脱，君子是不摆脱的。"所以说，看一个人的品质，那就要看他贫困时，是否接受非分之财。

在生活中，对于那些不义之财，即使是在贫困之中，也不苟得，这样的人才可以信任，可以托付。否则，拥有再多的钱财也只是"不义之财"。

曾子在鲁国时，生活过得非常贫困，经常穿着破衣烂衫在农田里耕作。这时候鲁国的国君听说了曾子的事情，便要封给曾子一个小城，没想到曾子坚决不肯接受。

有人不解，问曾子说："这样的好事，又不是你亲自主动向国君求来的，而是大王主动要送给你的，为什么你却要推辞掉呢？"

曾子说："假如一个人接受了别人的施舍，那就会害怕别人，施舍给人的人也常常会觉得自己高人一等。即使国君不对我产生骄傲的情绪，我自己难道不觉得害怕吗？"

常言道"人穷志不短"。尽管我们贫穷，但贫穷并不能让我们没有了志气，不能无功而受禄，更不能用自己的尊严来换取财富。曾子的拒绝，体现的是一种自强的品行，这样的人是可靠的，值得我们去结识。

有很多人耐不住贫穷，为了改变现状铤而走险，做出一些"人穷志短"的事情，对那些"非分之财"伸出了手。比如说接受了别人的馈赠而在工作上给别人走一下后门，开一下便车；在路上把捡到的物品占为己有，甚至有人去偷、去抢、去诈骗。这样的人，最后的结果只有一个，那就是为那些得来的"不义之财"而葬送了自己。这样的人是不可靠的，一旦他们面临巨大利益时，他们的人性往往会被"利益"所掩盖，从而做出一些非分之举。

曾经在某网站上看到这样一则消息：

有一位彩票店店主，在面对500万元的中奖彩票诱惑时，为非法占有这张彩票，该店主对彩民谎称没有中奖，欺骗中奖彩民，而妄图把彩票占为己有，还让朋友夫妇去帮忙冒领巨奖。

殊不知，对于彩民来说，在买彩票时，不管这张彩票中没中奖，彩民都会记住自己的彩票号码，而且中奖信息还会在电视或者报纸等大众媒体上公布。结果该店主作茧自缚，他使用这种欺骗方法，骗取他人财物，数额特别巨大，所以其行为构成了诈骗罪，法院判其12年的牢狱，这是咎由自取。

而且，该店主除了自作自受以外，还连累了朋友，因为他们帮他冒领巨奖及窝藏赃款而掩饰、隐瞒犯罪事实，结果均被判刑。

由此可见，一个人的贪欲之心是非常可怕的，假如我们身边有这样的人，那么我们就会处在一种不安全的环境中。所以通过他人贫困时的作为，我们才能看清此人的品性怎样，要对他有一个把握，这样我们才能更好地托付他。

有句俗话告诫人们："手莫伸，伸手必被捉！"在这个世界上财富有很多，我们只有通过诚实劳动去获得，不能通过各种卑鄙无耻的手段让它们成为自己的。尽管我们贫穷，但我们的精神不贫穷，对于那些不属于自己的东西坚决不要，即使一时得逞，到最后还是要交出去。而且对这样的人，我们也不可能再产生信任感。

当我们在选择或者要托付一个人时，千万要看清这个人在贫困时的作为，假如他贪图非分之财，那么这样的人必将会成为埋在我们身边的一颗"雷"。和这样的人在一起，我们就得时时提防，时时担心，说不定哪天他就会为那些"非分之财"而"爆炸"。

在贫穷时，每个人都期望自己能够获得金钱的资助，过上富裕的日子。但这样的想法并不能通过贪图"非分之财"来实现，毕竟，不属于自己的东西是强求不来的。有些人能够在贫困时仍对送上门来的钱财不屑一顾，对于不属于自己的东西而坚守住自己的品行。正如陶渊明所说，"不为五斗米折腰"，一切只靠自己的努力进取去获得。这样的人，才能够真正地成就一番大事业，值得我们结识和交往。这样的人，无论在任何时候，都是值得我们托付的。

坚守你的道德底线

　　我们在这里所说的地位卑下，指的是一个人在处于困境时的表现。是坚守自己的道德底线，一如既往堂堂正正地做人，还是破罐子破摔，一蹶不振，甚至苟且偷生，放弃原则，每个人的不同表现透露了每个人不同的个性和品质。

　　孔子说："芝兰生于深林，不以无人而不芳；君子修道立德，不谓穷困而改节。"意思就是说：灵芝和兰花生在深山老林，不因为没人看到就不发出芳香；君子修养自己的道德，不因为穷困就改变志向。当身处顺境中时，一个人要坚守住自己的品行，堂堂正正并不艰难，但一个人能够在地位卑下时仍旧做到堂堂正正，那么就更难能可贵了。这样的人体现的是一种超乎常人的坚忍品性，无论所处的环境地位再低下，也不会改变自己做人的原则，这样的人是值得重用的。

　　有一位非常有才的年轻人，琴棋书画可谓样样精通，只可惜怀才不遇，屡试不中，没办法，到最后只得靠出卖自己的字画来维持生计。

　　他在自己的家门口摆了一个书画摊，以现场为客人写字作画来赚点钱买柴米油盐，因为他的字和画都非常漂亮，所以吸引了很多人来围观。他规定，一副对联五文钱，一块匾额十文钱，一幅画一两银子。在没有生意时，他就在一边弹琴消遣。

　　有一天，一位官员被他的琴声所吸引，循声而来。这位官员听琴声还以为是哪一家的书香门第，但，走近才知道只是一个卖字画的穷小子。不过，这位穷小子的画委实不错，吸引住了官员的目光，这种飘逸洒脱的字画他以前从来没有看见过。

官员打算买下几幅字画拿到家里好好观摩，而且心中有惜才之心，于是买了几幅现成的字画，并给了年轻人五两银子，说不用找了。让他没想到的是年轻人并不领情，执意把多余的钱退还给了官员。这位官员心想，天底下还有这么傻的人，给他钱竟然不要。不会是在装模作样吧？这位官员决定试他一试，于是故意把自己的钱袋趁他不注意时落在年轻人的书画摊上，然后就离开了。

结果刚走几步，官员听见后面有人叫他，回头一看，正是卖他字画的那位穷小子，正在追赶他："这是你掉的钱袋。"

这位官员立即为他这种骨气所折服，而且才气还如此之高，于是决心助他一臂之力。回到家后，官员请来了很多社会名流一起鉴赏他买回来的字画。这些达官贵人都以为这些字画是这位官员所作，赞不绝口。

当官员说出真相后，他们更是惊讶不已。于是在官员的大力宣传下，这位穷小子结识了更多的社会名流，名气越来越大，最终成为江南四大才子之首，他就是唐伯虎。

孟子说："富贵不能淫，贫贱不能移，威武不能屈，此之谓大丈夫。"对于大丈夫来说，无论是高官厚禄，还是贫穷困苦，亦是强暴武力，都不能改变他们做人的品行，任何时候，堂堂正正做人都是他们奉行的一贯标准。这样的人，无论在任何时候，处在何种地位，都能够得到人们的尊重。

老百姓常说一句话："堂堂正正做人，踏踏实实做事。"一个人就要活得不卑躬屈膝，不唯唯诺诺，挺起腰杆做人，一身傲骨，这样的人才值得我们去结识交往。

曾经听过一个打工仔的故事：

有一位年轻人自幼父母双亡，家庭的重担落在他的肩上，为了供弟弟上学，只身一个人在外闯荡。对一个一无所长又无高学历的人来说，现实是残酷的，工作并不好找，他只能流浪着打些零工，来养活自己和正在上学的弟弟。

在陌生的城市里，他最大的幸福就是到一家书店里去看书。每次看到书，他浑身就充满了力量，也赶走了工作的疲惫。这天，他正在书店看书时，突然一阵吵闹声惊扰了他，他好奇地走出了书店，原来是书店门口发生了车祸。当纠纷平息后，他突然发现，书还在自己的手里，他赶紧准备把书放回原处。突然，书店的领导气势汹汹地跑了出来，不容分说就打了他一耳光，并骂道："让你看书就不错了，怎么你还想把书偷走啊？没教养的东西！"

年轻人被这一耳光打蒙了，好一会儿才急忙解释道："我不是小偷！我是想买这本书！"可话一说完他就后悔了，因为他现在身上一分钱也没有。

领导抓住了这个机会，冷笑着说道："那好啊！先交钱！"

"这……"年轻人嗫嚅道。

"掏啊！你不是要买吗？这样的人我见多了，没钱就偷书，上回我还抓了一个！"

年轻人不再辩解，只是把身上唯一的一块值钱的手表做了抵押，对领导说一周后带钱来买下这本书，只有这样才能证明他的清白，说完就离开了。

一周后，他没有出现，又过了一周，还是没有出现，不过年轻人的弟弟来了，他把书费还给了领导，买下了书，换回了手表。领导很纳闷，于是忍不住问了一句："那个年轻人怎么自己没有来？"

"他……死了，在工地上不小心被突然失控的起重机砸死了。在他的背包的书里我看到了这一张字条：我欠某书店书费，我一定要还上，我不是小偷！"

他把纸条递给领导，然后说道："我哥不是你想的那种人。"

哪怕地位卑微，但尊严并不卑微，所谓"士可杀不可辱"，这样的人你可以要他的命，但不能侮辱他，伤害他的尊严！在生活中，在我们的身边，有很多这样的人，尽管他们没有一个显赫的地位，干着卑微的工作，但他们从来都是凭着良心做事，堂堂正正地做人，任何时候，这样的人都是我们值得交往的对象。

坚持做人的底线

在这个世界上，一个人，在不得志时，做出什么样的事情就体现这个人什么样的道德标准。有的人做的事情，能够唤起人们由衷的尊重景仰，也有一些人和事招致鄙夷、怨恨或者嘲弄。在这些截然不同的反应背后有一条看不见的准绳，它就是做人的底线。

在事业顺风顺水时，几乎所有人做事的原则都很清晰，但是当郁郁不得志时，又有几个人能够坚守住自己做人的底线呢？在这个社会上，我们经常可以看到很多人在落魄的情况下做出一些有违社会道德、有违做人底线的事情。有些人在不得志时，会为了钱而出卖身边的朋友；有的人为了名利而对他人做一些具有危害性的事情，这种在不得志时无法坚守住自己做人底线的人，是无法获得他人的信任的。

黛米·摩尔主演过一部电影——《不道德的交易》，电影中讲述的就是一个因为金钱而突破底线的故事。

鲍勃和爱丽丝新婚不久，他们非常恩爱，但他们在经济上却很拮据，而恰巧又碰上了经济大萧条，一直无法找到适合自己的工作。偶尔一次，在赌城里，他们邂逅了亿万富翁彼得·凯吉。在闲聊中，彼得说："金钱能买到一切。"但鲍勃和爱丽丝并不认同这种观点，他们以为：金钱不能买到一切，比如说感情就买不到。

于是彼得就对他们说："我现在出100万，要爱丽丝陪我过一夜，你们愿意吗？"100万，这是一个多么大的诱惑，导致两个人辗转反侧，彻夜难眠。最终，他们都没抵挡住这个诱惑，爱丽丝还是陪了彼得一夜。

尽管，在影片的结尾，彼得看出两个年轻人是真心相爱，便不忍继续棒打鸳鸯，他主动放弃了爱丽丝，让她回到了鲍勃身边。但这也只是导演不想让观众太失望，毕竟，在现实当中，这样的事情并不多见。

不管是在工作上还是在事业上，不得志的情况时有发生，因为没有人的一生是一帆风顺的。但在面对不得志的情况时，每个人的表现却不同。有些人在工作不得志，得不到领导的赏识时，并不是在自己的身上找原因，而是归咎于他人身上，从而破罐子破摔，对工作不再努力上心，对领导安排的任务不理不睬，甚至会把公司的资料泄露给竞争对手，无疑，这样的员工是让人可恨的。因为在他们身上，已经没有什么做人的底线，底线就像是"皇帝的新衣"，只是安慰自己的一种借口罢了。假如和这样的人在一起，那么你很有可能被传染，变得愤世嫉俗，从而丧失了做人的底线，所以我们要与这样的人划清界限。

汤姆斯·麦科特说："在真相肯定无人知晓的情况下，一个人的所作所为，能显示他的品格。"也就是说，无论你处在一种什么样的境况下，你的所作所为都能体现出你的人品。比如说当你在自己的公司才能得不到发挥时，有对手公司找上门来，许诺给你高薪职位和发挥能力的舞台，但前提是你需要带上现在公司的技术资料，那么你会去吗？这是一个很难的抉择，对于那些没有道德底线的人来说，他们当然会选择去，这时候道德并不能阻挡他们，也不值得我们去挽留，只有剩下的那些能够坚守的人，才值得我们提拔和重用。

一个优秀的人，即便在事业不得志时，仍然能坚守做人的底线，做到问心无愧，因为优秀不是一种行为，而是一种习惯。世界上不存在优秀的行为，习惯优秀才是真正的优秀。一个人可以在事业上不优秀，但是做人不能没底线！

张国强是太行化纤材料厂的厂长，这是一家乡镇企业，专门生产一种工业纤维，由于设备陈旧，资金短缺，且欠有外债，工厂濒临倒闭。张国强为此苦恼至极，不知道未来的出路在哪里。

一天，张国强收到上海一家化纺公司来函，说他们愿意同太行化纤材料厂联营生产工业纤维，条件是由上海方面投资200万建立生产流水线，按太行厂现有的生产力进行利润分成。

有这等好事？！张国强自然喜出望外，但是他又犯了嘀咕，自己这几台破设备，每年也就生产一二百吨货，如此将来分成时自己不是就有点吃亏了？他左思右想，决定先设法把这笔巨款弄到手再说。

第二天，他给这家上海公司发了个函，吹嘘自己的厂有200多名工人，产值上千万，要求利润分成时要大头，并拥有经营权。回函发出不久，上海那边便有了回信，原则上同意太行厂的条件，但要派人前来考察洽谈。

张国强心生一计，忙给市里的运输队打了个电话，又让厂办主任到市机械厂借几台旧设备和几十名工人，如此一番布置。

没几天，上海化纺公司的工程师小王来到了太行厂，张国强见对方是位二十几岁的小伙子，不禁松了口气。

看见厂区干净整洁，厂房内机器轰鸣，卡车出出进进十分忙碌，张国强指着仓库前的两辆卡车说："这些都是外地的客户，有的都等了好几天了。"

小王羡慕地点点头，问道："那你们年产量有多少？"

"千把吨吧，但就是这样仍然供不应求，想扩大生产就是缺资金呀！"张国强叹了口气，摇摇头说，"假如贵公司能支持一下，前景会非常可观的！"

小王点点头："资金的事好商量，合作求的是双赢嘛！但你们提供的数字一定要准确。""那当然，既然合作，就应该信誉第一。"

二人说说笑笑，坐车朝厂部办公室驶去，忽然，小王对司机说："师傅，对不起，请停车，我去方便一下。"

张国强见是锅炉房旁边的一座小厕所，便不以为意地说："这厕所不卫生，还是去前边吧。""不必了，今天有点闹肚子，等不及了，就凑合一下吧，我又不是什么贵客。"小王说着推开车门跳了下去。

不一会儿，小王回到车上，二人来到厂部办公室，张国强取出一份报表递上说："这是上半年产量统计，照这样的速度，今年突破1200万吨应该不是问题。"

小王接过报表，又取出计算器按了几下，抬起头说："张厂长，不对吧，据我推测，你们厂年产量顶多200吨。"

张国强听了不禁愣住了，反问道："200吨，有根据吗？"

"当然有根据。"小王指着计算器认真地说，"刚才我去厕所时专门量了你们厂的烟筒，直径为1.5米，也就是说它每天产生的热动力只能供40人操作，就按你们人均5吨的数字来说一年也就是200吨。"

张国强有点尴尬，没想到这个年轻的小伙子还真有两下子，正在他不知怎样回答时，小王起身严肃地说："扶持乡镇企业是我们公司的责任，但绝不同弄虚作假的人合作，再见。"

小王说完推门走了出去，屋内只剩下呆若木鸡的张国强厂长，他追悔莫及！一个弄虚作假的人是不会赢得别人信赖的，这样的人到了商场上，即使能侥幸取得成功，最终也是搬石头砸自己的脚。

一个人在不得志时，他所做的行动，良心会起审查和指令作用，在行动后，良心会对行动的后果进行评价和反省，或者满意或者自责，或者愉快或者惭愧。一个人在不得志的情况下还能坚守原则，才是一个人真正的道德底线，这样的人才更值得我们重视。

远离领导监督，还能否忠诚

在企业中，很多员工都会以为：领导不在时正是可以放松时。因为领导在身边时，就有一种被监督的感觉，而一旦领导出去参加什么会议了，或是出国考察、谈判项目去了，他们就把这当作最好的偷懒时机。这样的员工工作起来就像小学生学习一样，非要领导在后面盯着管着才认真地去干，发现领导不在就偷懒。所以假如我们要想认清一个人，那么就让他远离领导和监督，看他是否忠诚于自己。

在许多企业的领导眼中，忠诚甚至比才能还重要。许多领导宁要一个才能一般，但是忠诚度高、可以信赖的员工，也不愿意接受一个极富才华和能力，但却总在盘算自己的小利益的人。因为忠诚所体现的是一个人的高尚品格，也是一个员工的基本道德。一个员工对公司是否忠诚，在领导不在时最能体现出来。

有一位销售部门的经理讲过这样一件事情：

有一天，他到一家销售公司去联系一款最新的打印设备的销售事宜，因为这是一款定位为大众化的新品，并且厂家即将开展大规模的广告宣传，为争取更大的市场份额，对经销商的让利幅度也非常大，所以，他决定在媒体大量宣传报道之前同一些信誉与关系都比较好的经销商敲定首批的订量。

当他来到一家一直保持密切业务关系的公司时，恰巧领导不在。当他提起即将推出的新品时，负责接待他的员工冷冷地说：

"领导不在！这个我们可做不了主！"他把宣传资料拿出来，试图说明这是一款新产品，性能和质量都非常好，而且现在订货，会有一定的优惠。但是，令他失望的是，对方那名员工根本不听他的解释，只用非常简单的一句话搪塞："领导不在！"

他实在没有办法，只好悻悻地走了出来，抱着试一试的态度，去了另一家公司。没有预料到的是，这家公司的领导也不在，这让他有点失望。但既然进来了，那就不妨去试试。接待他的是一位新来不久的女员工，非常热情。当他说明了来意后，她没有以领导不在为借口，而是主动要求第二天就为他们公司送货，其他具体事宜等领导回来以后再由领导定夺。

结果很明显，第一家公司的员工因为领导不在而丧失了很好的商机，等再要求进货时，已经没有了优惠，利润自然大打折扣。当领导得知事情的经过后，毫不客气地就把那位员工辞掉了。而第二家公司则因为那位女员工在领导不在时，也一样对工作尽职尽责，以优惠的价格购进了销售人员推荐的产品，不到一个月就销售了近9000件，为公司净赚了9万多元。这位女员工自然得到了领导的赏识，刚进公司就被提升为主管。

在职场法则中，忠诚是不可缺少的。阿尔伯特·哈伯德在《把信送给加西亚》中有句话："严格来说，一丁点儿的忠诚抵得上一大堆的智慧。"他甚至建议，假如为一个人工作，那就以上帝的名义去为他工作。一个员工能否忠诚地去对待他手里的工作，体现了这个员工的人品。

一个忠诚于公司的员工，不管领导在不在，也不管别人有没有看到，一定让自己努力。而那些需要领导去检测和监督的员工，总是以为工作是为领导干的，经常趁着领导不在时推卸责任、偷懒，这样的员工在公司中价值低廉，很快就会在竞争中被淘汰掉。这样的员工永远不能得到我们的重用，因为他只是在应付工作，而不是忠诚于自己的工作。

在《把信送给加西亚》一书中，罗文中尉接到上司的命令，没有任何的抱怨，只有全力以赴去做。没有人监督他，也没有人跟着他，但他依旧出色地完成了任务。100多年过去了，人们依然在缅怀罗文中尉，除了他根本不找任何借口去执行任务外，更重要的是他对工作的忠诚。

那些无论领导在与不在，都能够忠诚于自己工作的员工，这样的员工在哪一个企业都是备受重用的员工，因为他们忠诚于企业，不计较个人的利益，顾全大局，他们能够尽职尽责地完成自己的工作，一心一意地维护公司的利益。相反，那些投机取巧，总是趁机偷懒、谋私利的员工，最终面临的结果就是被淘汰。

假如你是领导，想要看清楚自己手下的员工，那就不妨离开一段时间，然后突然回来，那些在领导不在时能够干出比平时更突出的成绩来的员工，必然要受到信任和重用。相反，那些没有完成任务的员工，领导就要好好想一想了，因为他们的存在无疑就是在阻碍企业的前进，清除得越早，企业得益得越早。

从兴趣入手识别人

兴趣爱好就好比是一个人的性格镜子，生活中每个人的兴趣与爱好都各有差别。假如我们想要了解一个人，那么就看他闲暇时追求什么。有的人喜欢体育运动，有的人则喜欢户外活动，譬如钓鱼什么的；有的人喜欢下棋，有的人则喜欢搞收藏，等等。一个人在闲暇时的兴趣爱好，能够透露出他的追求和心理状态。

所以，识别一个人的最好的方式就是从他的兴趣爱好入手，这样不仅能够近距离看清楚他的庐山真面目，也能够找到针对性解决问题的方法。一个人闲暇时的放松方式主要可以分为以下几个方面：

文体活动

生活中，有的人在闲暇时喜欢通过听歌、跳舞来使自己放松，缓解白天的工作压力，这些都属于文体活动，我们可以从他们喜欢的音乐或者舞蹈上来了解这个人。

还有一些人喜欢交响乐，往往对自己信心十足，喜欢显露自我，踌躇满志，凡事只想积极的一面，所以能够迅速和他人打成一片。这样的人也有缺点，就是对别人的盲目相信往往会导致吃亏和受损失，且有不务实的缺点。

喜欢摇滚乐的人，害怕孤独，不能忍受寂寞，喜欢与一些和自己志同道合的人交往，喜动不喜静，爱好体育运动。他们大多对社会不满，愤世嫉俗，他们需要以摇滚的形式来宣泄自己心中的诸多情绪。这样的人非常喜欢到处张扬，能引人注目，但不会给人留下深刻的印象。这样的人会常常觉得迷茫和不安，需要有一个人引导着逐渐找回已经或是正在丧失的自我。

喜欢流行音乐的人，属于平凡的随波逐流型。简单是流行音乐的主旨，这并不是说喜欢流行音乐的人都很简单，但至少他们在追求一种相对简单和自由自在的生活方式，力图通过听音乐保持轻松和自在。

喜欢古典音乐的人，一般是理性成分占多数的人，他们在很多时候要比一般人懂得怎样进行自我反省、自我积累，能够用理智约束情感；从音乐中汲取人生感悟，结果常常形单影只，因为很少有人能够真正地走进他们的内心深处去了解和认识他们。

一个人跳舞的方式和喜爱的舞蹈，同样能透露出一个人的个性。比如喜欢跳芭蕾舞的人都具有很强的耐心，能够以最大限度的忍耐心把一件事情完成；而喜欢跳踢踏舞的人则多数精力充沛，表现欲望强烈，他们希望能够引起别人的注意，时间观念比较强，从不轻易地浪费时间；喜欢华尔兹的人则十分沉着稳重，为人比较亲切、随和，有一定的社会经验和阅历的人，总在无形之中流露出一种成熟而又高贵的气质和魅力。

运动方式

闲暇时，相信很多人通常会去运动一下，锻炼一下自己的身体。有人也把健身、减肥、娱乐、休闲视为运动。人们不管对运动寄予了什么样的希望或想法，通过长期细致入微的观察，我们就会发现，当人们选择了某种运动时，他都带有身心两方面的需求，这种需求又在不同的程度上展现出他不同方面的个性。

所以假如我们要结识一位陌生人，想深入了解他的个性特征时，问他在闲暇时喜欢什么运动将为我们提供极大的帮助。

比如喜欢打篮球的人一般都有较高的理想和远大的目标。他们经常充满信心，希望自己能够实现自己的远大抱负，希望自己能够比他人出色，总能先别人一步。为了完成自己的目标，他们可以做出很大的牺牲和努力。而喜欢踢足球的人，富有激情，对生活持有非常积极的态度，时刻充满着战斗的欲望，干劲十足。

而对步行运动感兴趣的人能够对自己没很大兴趣的事情保持着相对的沉着、稳重，做自己该做、能做的事情。他们相信自己有实力做好每一件事情，并且有很好的耐心。而自诩为"山之子"的登山爱好者，大部分则属于对自己也相当严格的内向型之人。

娱乐游戏

时代在逐步发展，一个人能不能跟上时代的脚步，或者说能不能适应新的变化，与他接触新事物有很大的关系。所以一个人对科技游戏的接触与态度，很大程度上透露着一个人的性格与能力。

比如，一个人喜欢玩电脑，那么内向型的人则具有优势，因为他们喜欢井井有条的事物，而且，他们在数字与逻辑方面的能力很强。而外向型的人则因为性格方面的特点，即使使用电脑，也不会迷恋，他们充其量把电脑当成电子玩具，借此打发无聊的时间，而他们工作时，就尽一切可能不用电脑来完成任务。

所以那些对电脑具有浓厚兴趣的人，九成以上是内向型的人。

除了以上那些方式之外，还有很多的休闲方式，比如阅读、下棋、喝酒等，这些都是人们在闲暇时喜欢做的事情，假如我们能够挖掘出他人在闲暇时的休闲方式，我们就能够从他的休闲方式中窥见他的追求，这对我们了解一个人大有益处。

2

Chapter 2

走近眼睛微反应

读懂双眼透露出的信息

一次，情报机构特工奉命搜捕一名恐怖分子。这名恐怖分子很狡猾，没有留下任何影像资料，情报机构特工只知道他会出现在一个停车场，从同伙的手中接收一批爆炸物。身着便衣的情报机构特工在停车场内埋伏，一双双犀利的眼睛盯着停车场内的每个人。这时，一个叫斯考特的特工发现有个徘徊在停车场中的年轻人行踪可疑，他在向同事示意之后，就悄悄地靠了过去。

站在对方的身后，斯考特用不大的声音打了一声招呼："Hey！"他明显地感觉到对方的身体似乎瞬间定格了，甚至能听到对方心里"咯噔"一声。对方转过身来，斯考特不动声色地说："对不起，借个火，好吗？"

对方低着头，眼睛偷偷地向上瞄了一下，一副做贼心虚的样子。就在他伸手到怀里去掏打火机时，斯考特一眼就看到了他腰间插着的手枪的枪柄。就在一瞬间，斯考特用铁钳一般有力的手扭住了他的手臂，把他压在汽车的风挡玻璃上。周围的情报机构特工一拥而上，制服了这个可疑的家伙。经过审讯，这正是情报机构搜捕的对象。

情报机构特工为什么能在毫无线索的情况下准确定位嫌疑人？他们靠的就是敏锐的观察力，是对嫌疑人身体动作和目光等肢体语言的捕捉与精确判断。而这种神乎其神的本领是他们在严格的培训和长期的实践中练就的。情报机构探员们的火眼金睛让他们成了普通人眼中的超人。实际上，我们每个人经过训练之后都可以掌握这项特殊的本领，它会让我们在生活中洞察他人内心的想法，掌握人际交往的主动权，占尽先机。

我们从小就听人讲眼睛是心灵之窗。你或许知道，在这自然界中，绝大多数的生灵都拥有这扇窗。但你是否知晓，在所有灵长类动物中，只有我们人类的眼睛是有眼白存在的？

眼白，医学界称为巩膜。它是帮助我们实现目光变化和眼神交流的工具，假如我们想将视线定格在某个具体的点上，那就离不开巩膜的工作。你去动物园或者看图片时是否注意过，和我们人类最接近的黑猩猩，它们的眼睛就是纯黑的，没有眼白的存在。

我们通过眼睛去阅读、观察这个世界，通过眼神去交流，去表达自己的喜怒哀乐，可是，你真的知道怎样使用自己的双眼吗？或者说，你真的可以读懂双眼所透露出的信息吗？

熟悉或陌生的人在见面时，出于礼貌都会打声招呼。彼此熟悉或者略为轻佻的人可能习惯用挑眉毛这个动作来代替一声"你好"。远远地看见某人，很自然地抖动一下眉毛，示意他看到你了，用眉毛来传递一声问候。

但是在日本的礼仪文化中，一个人抬起眉毛然后迅速恢复原状是一件很没礼貌的事。

当然，挑眉也不一定全是问候或是不礼貌，有时我们也会用于表达自身的情绪，而且，很多时候我们自己或许都不会注意到眉毛的动作。比如你突然之间受到了惊吓，又或者收到了一个梦寐以求的礼物，这种情况下我们大多数人会睁大眼睛，然后瞬间抬高眉毛。

不过，最好能控制住挑眉的习惯，因为这样做有时可能会给你带来一些麻烦。除了性暗示，假如你向一个陌生人做出挑眉的动作，在对方看来，你是在向他挑衅。

在语言似乎无法表达情绪时，挑眉就有用武之地了。比如两个恋人在一起分享小小的喜悦，两个人满心欢愉地向对方挑挑眉毛，那种窃喜与小开心的微妙感觉是特别好的。

假如你此时正巧闲来无事，不妨对着镜子动动你的眉毛，看看会有什么样的意外发现。

情报机构通过对身体语言的研究，得出以下结论：一般来说，将眉毛压低，往往意味着严肃和攻击性，比如我们常见的皱眉。通过皱眉这个小动作，我们很容易判断一些场合所发生的某些事，或者判断当事人目前的情绪怎样。而眉毛太高则代表着示弱与温顺，比如我们在解释某些事情，或急切地表达一些意见时。

性感女星玛丽莲·梦露是个眉毛高挑的人，所以她在银幕上的形象总是让人觉得婉约温顺，成为无数人心中的女神。而美国前总统肯尼迪则恰恰相反。他的眉毛尾部向下延伸，似乎一直在凝神思考着重要的事情，始终散发着一股肃然冷峻的气息以及那种挥之不去的忧虑感。

通常而言，女人在眉毛上下的功夫比较多，各种美容方式造就不同形状的眉毛，所以女人不同的眉毛角度会呈现出更多的内容。

无论是修眉毛还是拔眉毛，再或者是画眉毛，其实不单单是追求美丽，因为女人在潜意识中很清楚怎样释放自己的魅力去吸引男人。而男人假如想让自己看起来更威严一些，不妨学学肯尼迪先生，把眉毛修剪得低一些，让眼睛变窄。但是此条不适用于小眼睛的男人。

说完眉毛，我们再来聊聊目光。

情报机构特工以为，一个人低下头抬眼往上看，让目光自下而上地传递，这是一种谦恭的身体语言。这种动作最常见于犯了错的小孩子，不敢正视大人的目光，但又惴惴不安地想要获得一些大人的信息，这时，他们会怯怯地低下头，眼睛偷偷地向上看。假如是女人做这个动作，自然又是另一种意味，对于男人来讲这同样能刺激保护欲。这种保护欲一般来自成年人和孩子在目光交流过程中存在的身高差异，因为小孩子身高本来就低于成年人。时间一久，当男性在一个女性身上看到这种目光时，很容易激起男方心底的那种父爱一般的情绪。

这里也有一个小小的妙招，适用于大部分女性，尤其是娇小型或者娃娃脸的那种。你可以微微地向内收下巴，然后抬起眼睛向上看，脖颈也要露出来。当然，要做得自然一些，不能太僵硬，不然会像是偷东西被抓一样猥琐，而不是楚楚可怜。这个动作做得最传神的人是戴安娜王妃，当年王妃遭遇婚姻危机，面对媒体镜头时，她就是这副表情。

有时候，目光所传达的信息不一定要那么明确，或许只是一个恰到好处的角度射出去的目光，就能有不一样的感觉。

对于男人来说，要学习的正好相反。柔弱是女性的权利，作为男性，要想通过目光来向别人展示你的男子汉气概，要做的就是自上而下的注视。

"居高临下"这个词大家都听过，试想一下，压得低低的眉毛下，一双狭长的眼睛，身子微微前倾，居高临下地将目光投射出去。这时，你的身上会散发出一种无形的气场，给对方造成压力，这种压力的强度由你本身而定。目光和眉毛，两个小小的动作可以改变很多心理上的感觉和认知。

　　同样，假如你发现别人有做出这些动作的习惯，你也可以基本判定对方大概是什么性格的人。

　　比如，有女生不经意地露出那种由下而上的目光，眉毛上挑，眼睛睁得溜圆，那她一定是楚楚可怜型的——至少看上去如此。假如女性弯弯的眉毛压得比较低，喜欢自上而下地注视别人，那我们基本上可以知道，对方比较强势。男性亦然，想想电视剧里的皇上，你见过他眼巴巴地低头抬眼看别人吗？他从来都是稳坐龙椅，耷拉着眉毛，眯着双眼，遥遥地将目光投射下去，俯视群臣。画面中不需要语言，光是那场面，就足够威严。

　　当然了，要记住一点，由上而下的威严目光和压眉的方式有身高和地形的限制，否则会出洋相的。

眼神揭示内心世界

鲁迅先生曾说过："要极省俭地画出一个人的特点，最好是画他的眼睛。"

眼睛可以显示出一个人的精神面貌和内心感受。聪颖、智慧的人，他的目光会显得明亮、纯洁、深邃；内心空虚、狡诈、狂妄的人，他的眼神就会变得暗淡、浑浊、浅薄。有人曾做过一番统计，大文豪托尔斯泰在作品中描写过85种不同的眼神，用来揭示人物的内心世界。

情报机构的研究表明，真正的心灵之窗其实并不是眼睛，而是我们的瞳孔，瞳孔是最不会说谎的。只要你足够细心，就会发现，瞳孔总是出卖那些试图编织谎言的人。

情报机构收到情报，前往一户居民的家中搜查，根据情报，该户居民可能是一个贩毒网络中的关键人物。当情报机构特工敲开房门时，身着休闲装的主人出现了，第一眼看到全副武装的情报机构特工时，他似乎没有什么异常反应，脸上是正常人才有的困惑表情。可是，带队的情报机构特工与他正面相对，从他的眼神中看到了不易察觉的变化，这个人的瞳孔瞬间扩大，而后又迅速缩小，泄露了他内心的惊恐。尽管他表现得很镇定，但这个细微的变化已经提示情报机构特工：这个人心中有鬼。通过仔细的搜查，果然在地板下发现了高纯度海洛因。

在这个案例中，我们可以看出瞳孔在捕捉他人心理变化时发挥的重要作用。

首先我们都知道，瞳孔之所以会产生变化，是为了适应光线的强弱变化，这是人类的本能。瞳孔很脆弱，似乎无法承受强光的刺激。在光线强烈的情况下，为了免受强光的刺激，瞳孔会自觉地收缩。但你或许不知道，就算是在相同的光线下，瞳孔依旧会产生一些微妙的变化。

20世纪60年代的一天，心理专家奥熙入睡前正在浏览一本漂亮的画册。尽管卧室里的灯光朦朦胧胧，可是，眼尖的妻子惊奇地发现：奥熙的瞳孔比正常情况下放大了很多。

这是为什么呢？奥熙知道后也百思不得其解。一直到临睡时，他才突然意识到：也许瞳孔的大小和人的情绪反应有密切的关系。

第二天早晨，奥熙带着一张漂亮女子的画像和一些美丽的风景画来到了实验室。他让一位助手看这些画，而自己则注意观察助手的瞳孔变化。果然，在某一个时刻助手的瞳孔明显地扩大了，此时助手在看那张美貌女子的画像。奥熙由此断定，瞳孔与情感一定有着不小的联系。

紧接着奥熙又做了一系列的实验。他让参加实验的人统一观看放映在屏幕上的一组图画，并用摄影机记录下他们的瞳孔状况。结果显示，当屏幕上出现活泼可爱的婴儿时，母亲们大感兴趣，瞳孔明显地扩大了；而当出现凶恶的鲨鱼时，人们普遍觉得厌恶，瞳孔一下子都缩小了。实验参与者看到屏幕上呈现的战场上血肉模糊的战士、集中营里成堆的尸体时，瞳孔先是大为扩张，接着又马上缩小了，这透露了一种内心震撼的情绪。奥熙由此得出结论：人们在看到令人高兴或感兴趣的东西时，瞳孔就会放大；而看到让人害怕或讨厌的东西时，瞳孔就会缩小。

奥熙博士的实验证明了一个现象，当一个人兴奋、激动、悲伤、震惊、平静时，瞳孔会明显地出现扩张或收缩等不同的变化。瞳孔在运动的过程中，会表现出一种非常独立的状态。它的变化不受我们意识的控制，所以情报机构特工根据打击犯罪的实践经验总结出：在审讯中，瞳孔变化所传递的信息一般具有很高的可信度，这一点很难造假。因为瞳孔的自发运动不是没有逻辑的，控制瞳孔变化的是我们对所受刺激的最真实感受，而不是我们主动想要去表达的情绪、想法。

假如想要分辨一个人此刻的情绪怎样，或者是对待某些事物时，这个人会产生哪种情绪，最好的方式就是观察对方的瞳孔变化。眼神可以刻意地去伪装，可以造假，但是瞳孔的变化不会。瞳孔的运动很简单，要么扩大，要么收缩，我们只要搞清楚扩大和收缩各自代表的意思就可以了。假如看到对方的瞳孔经由扩大又收缩，或者先收缩而后扩大，那我们就可以根据当时所发生的事情来进行推测，从而获知对方内心真实的想法。

当然了，假如看到一个人的瞳孔持续放大，扩大到极限且不再收缩的话，假如不是因为对方太高兴或者太惊讶，那原因只有一个，就是他已经死了。

有人需要借由瞳孔来印证一些信息，也有人通过对瞳孔的美化来增加美丽指数。人们对于美的追求永无止境，比如现在流行的美瞳，它可以用来改变瞳孔的颜色。其实单纯改变颜色并不会为美丽加分多少，不过浅色的瞳孔在扩张或是收缩时，会表现得更加明显，所传递的情绪更容易被人接受，也就是人们说的"会说话的眼睛""爱笑的眼睛""水汪汪的眼睛"。

女人通过扩张、收缩瞳孔来吸引男人，而男人则通过放大瞳孔来回应女人。当情侣在深情对望时，其实是在不知不觉地寻找对方瞳孔扩张的信号，而彼此都会被对方扩张的瞳孔激发出兴奋的情绪。

研究机构的调查表明，当男人观看枪战电影时，瞳孔的尺寸会扩大到原始尺寸的三倍；而女人在看到亲子嬉戏时，扩张最为明显；婴幼儿的瞳孔比成年人要更大一些，父母在场的情况下，婴幼儿的瞳孔会保持始终扩张的状态，从而流露出非常渴望的神情，惹人怜爱，以此获得父母的持续关注。

所以你可以明白为什么超市和玩具店卖的玩具娃娃，眼睛会被设计为占整张脸的三分之一了。

也不是所有的瞳孔扩张收缩都那么值得欣赏，至少对蛇来说就不是。蛇狭长的双眼，再配上三角脑袋，很难给人留下好的印象。当蛇眼因为瞳孔的过度收缩变得异常凶狠时，会让人们避之不及。

由此可见，瞳孔的收缩扩张尽管只是细微的变化，不留意很难观察到，但它所带来的连锁反应却会影响别人的判断。它可以将一些细微的变化无限放大，甚至影响到我们对他人的整体印象。

除了将辨别瞳孔变化应用在谎言甄别和情绪识别上以外，更多的人选择将之付诸商业实践。与美瞳的效果相似，瞳孔的扩张会让广告模特显得更有吸引力。有一个成功的案例，一家从事唇膏销售的公司，利用技术手段修改了广告宣传册上模特的瞳孔尺寸，最终唇膏的销量提升了45%。

我们平时外出逛街时可以仔细地观察一下，那些包装和海报上的女星和模特，除了具有姣好的面容和火辣的身材之外，她们的瞳孔无一例外地都被扩大到了极致。不管其内在机制怎样运作，都无法否认它确实有助销量增加的事实。

由此看来，瞳孔的扩张收缩被人为修改后产生的吸引力，在某种程度上讲，也叫作"商业欺诈"。文章开头刚说过，瞳孔是最不会说谎的器官，但在另一方面，最不会说谎的器官说起谎来更容易骗到人。

视线会传达出很多信息

有一位大师曾说，两个人在对话时，要专注地盯着对方的眼睛，这是对他人的尊重；但也有人说，千万不要盯着别人的眼睛，因为那样做很不礼貌。在我们纠结到底该不该盯着对方的眼睛时，又有人跳出来说，我们应该盯着的是对方脸上的三角区域，这才是礼貌与尊重。

这就是在生活中、工作中我们经常面临的一种尴尬。很多人在表达尴尬时总爱说："我都不知道该把手往哪里放！"或者是"我都不知道脸往哪里搁。"现在好了，又多了一种表达方式："我都不知道我该看哪里！"

别笑，正捧着书的你，是否知道在不同的场合下面对不同身份的人时，你应该怎样让视线落在它应该去的地方？换种说法，你知道视线应该落在哪里吗？

假如是一大群人的聚会还好，我们可以在谈话时东张西望，看看屋顶和窗外。因为人多，讲话的人总会有一个听众，我们偶尔走神并不会有什么问题。但是很多时候，我们是两个人面对面地交流，可能是闲谈，也可能是沟通重要的事。比如女友一脸严肃地跟你说，假如想要结婚，你需要准备多大的房子、多贵的车子。这时候，你不可能装作四处看风景，相反必须用言语、表情或行为来表示你听得很认真，并表达赞同或者反对的意思。你是应该直勾勾地盯着女友严肃的脸，还是低头数蚂蚁？是聚精会神地皱着眉头，还是眼珠子滴溜乱转？

　　我们一定要知道一个事实，两个人，无论在讨论什么问题，只有眼神有交汇，这才能说明彼此之间有真切、有效的交流。这个现象其实很好理解，你可以试试跟朋友说话，假如全程对方都没看过你一眼，那这次谈话根本无法进行下去。

　　在交谈的过程中，眼神的交流非常重要，眼神该怎样交流？是通过视线的交汇。

　　我们或多或少都有过一些这样的经历，有些人在倾听时会向我们投递一丝温柔的目光；有人讲话时眼神让我们愉悦快乐；当然也有人在对话时眼神茫然而混浊，或者局促不安、抓耳挠腮。

　　我们在学校时都碰到过一道题：运动会发令枪响，我们是先看见烟还是先听到枪响？我们现在都知道，声音的传播速度没有光快，所以我们先看到的是白烟。这个小题目应用到眼神交流中也是可以的。两人交谈，很多时候还没等我们开口，眼神就先把我们的感受传递了出去。眼神可以先一步通过视线传达出我们的意思，是因为我们在眼神交流时，对视的时间和目光定位的位置会因为当时的实际情绪产生各种不同的变化，从而出卖我们的内心。

　　我们可以做个小实验，去找一个不太联系的朋友借钱。当我们说完来意之后，观察对方的视线落点和与你对视的时间，不需要等他开口，你就会知晓这次借钱的结果了。

　　马歇尔教授是一位从事肢体语言解读的社会心理专家，他通过对比研究发现，东西方在肢体语言交流上有一定差异。比如在英美这些西方国家中，交谈时看着对方的眼睛是最基本的要求。多数西方人在听对方说话时会看着讲话者的眼睛，小部分人在自己讲话时也会看着对方的眼睛；东方人则大为不同，只有一小部分人可能会在自己说话时看着对方，而很少有人会在当听众时也直视对方。

在情报机构的研究者看来，讲话或听话时不愿意与对方进行视线接触，代表着一种属于东方人的含蓄，在某种程度上似乎说明东方人不是很愿意直接地表达自己的情感，所以眼神接触和视线交流总是很少，甚至会躲闪对方的视线，不愿随意暴露自己的内心世界。

当然，随着世界的大融合，东西方文化也在发生着碰撞和交融。眼神作为一种交流方式逐渐被大众认可，东方世界也接受了这种理念，开始习惯将视线落在讲话者身上或者让视线时刻保持与其他人的交流。

不过也有例外情况发生，比如日本人。日本人在眼神交流时，视线的落点往往很有趣。彼此对视或者直视别人在他们看来是一种非常无礼的举动，时至今日，日本人依旧保持着这种习惯，不会与别人对视太久，除非是主动地进行挑衅。我们在影视剧中可以看到，日本人在对话时习惯侧过身，尤其是上下级、长辈晚辈或者妻子丈夫之间。

我觉得日本人在社交场合中表现得很谦卑，主要原因就在于此。就算无法避免面对面的接触，他们也会尽量避免视线的对视，把视线下移，不会盯着对方的脸，而是把目光落在咽喉处。

暂且抛开一些特例，说说生活中比较常见的情况吧。

我们经常会有和陌生人见面的情况发生。假如你用心去观察，就会发现，初次见面的人会从眼神、视线中透露出非常丰富的信息。这种信息可以快速地帮助我们判断一个人的心理素质、心态、性格等特征。

例如，我们在相亲时，在自我介绍和寒暄时，不可避免地会有视线上的接触，这种场合最常见的困惑就是，我们应该怎样礼貌地移开自己的视线？移开以后目光应该落在哪里？不管在哪个国家哪些场合，肆无忌惮地打量别人总是不礼貌的行为。

比如女方实在是漂亮火辣，而你不想给对方留下一个负面印象的话，一定要记住目光不要瞎转。你必须清醒地划分区域：首先记住，脖子以下，桌面以上，能不看就不看。肯定有人要问，那该看哪里呢？重点不在于看哪里，而是怎样看，是怎样让你的视线自然而有礼。

很多影片中都会有这样一个画面，一男一女初次见面，握手入座，然后同时抬头看着对方，再同时尴尬地低头傻笑，重复上一步，继续傻笑。这显然不是一次理想的相亲。

我们到底该怎样做呢？先弄清楚一件事。

视线一直纠缠在一起的，一般来说都是恋人和熟人，当然也可能是仇人。初次见面的人很少出现这种情况，因为肯定会很尴尬。那么，这时总会有一方先把视线挪开。而我们在通过观察和对比后发现，初次见面的两个人中，最先移开目光的，一定是处于弱势的一方。

说到这里，是不是有一点豁然开朗的感觉？没错，从这个角度来说，视线的交流其实是一种微妙的挑战方式，没有语言和动作，无声的较量就这样发生了。假如你是那个赢得较量的人，这时候你的视线落在哪里都没有问题！不管是看着对方的脸，还是直视对方的双眼，这时都会显得自然舒适，没有任何尴尬。而对方，才是那个暗暗迎接目光洗礼的人。弱势的一方总会从自己的身上找问题，会通过一些方式来适应"强者"。我们在刚刚踏入社会准备面试时，都会有前辈提示我们要做到不卑不亢。面试官在你落座之后都会先看你几秒钟，再开始面试流程，这就是对方在看你态度是否坚定，会不会主动地移开视线。

所以情报机构提醒我们：不管我们是领导还是应聘者，无论是相亲还是洽谈，甚至是争吵和对峙，只要我们细心观察对方的视线变化，我们就可以很轻松地捕捉到某些隐秘的心理活动。探查到对方心底的情感和欲望时，很多事办起来就要简单多了。

现在回到我们在文首提到的那个场景，假如你和一个人谈话，对方并没有给你视线的关注，这说明对方压根儿不想搭理你。或者你的问题和建议提不起对方的兴趣，让对方没有与你进行沟通的欲望，这时候，赶紧打住，不要自讨没趣了。当然也有除此之外一种情况，常出现在男女或者敌对的双方之间。这种场景比较耐人寻味，那就是对方明明在听，却做出一副无所谓或者不屑一顾的表情，他的目的在于表现出一种满不在乎，但其实，没有人比他更在乎，你说的每一个标点符号对方都恨不得记住。这是一种很常见的伪装，让你误以为他对此事无感，目的是让你说出更多的内容。

前文说过，视线往往能看出一个人的心理素质。

情报机构以为，心理素质差的小偷可能看见迎面走来的警察立马就慌了，然后眼神开始闪烁不定，躲躲闪闪，警察看见这种人一抓一个准儿。心理素质好的杀人犯往往能面不改色地和调查人员交谈，眼神坚定，视线不会乱窜，常常能蒙混过关。有人说了一句违心的话，目光中就会透出无力与怯懦；而一辈子生活在谎言中的人，目光比混凝土还要坚硬。谈判专家和商业精英通过坚定的眼神就可以搞定对方，而目光躲闪、游移不定的人总是被说服的那一个。

根据不同视线传递出的信息我们可以做出不同的反应。无论男女老幼，斜视基本都和鄙视画等号；被人从头到脚地打量、扫视一番后，假如对方发笑，这种笑叫作嘲讽，这时候千万别傻呵呵地热脸贴冷屁股；面对严肃认真的视线，最好别乱开玩笑；和蔼慈祥的眼神一般出现在长辈的眼中，偶尔也可能出现在将死之人的眼中。

语言和文字并不是世上唯一的交流方式，只要你细心观察，你会发现身体能传达出很多信息，视线就是其中之一。足够细心的人，总能发觉很多旁人无法知晓的讯息。行走在人类社会，我们要学会为人处世、待人接物。善于观察的人总是能在这个学习过程中做得更好，可以少走很多弯路。

观眼可以识人心

人们都说眼睛是心灵的窗户，可每个人的窗户其实并不相同，不一样的窗户望进去，也是不同的风景。

观眼可以识人心。想要了解一个人，最直接的渠道就是眼睛。无论是在医学界还是心理学界，研究者都通过实验证明了细微动作与内心反应的联系。这些研究发现问世之后，被犯罪心理专家加以整理，如今正成为情报机构和警探们的撒手锏。

我们在看关于罪案题材的影视剧时会发现，警探在侦破案件时，除了对现场的细微勘查之外，往往是通过询问调查来掌握关键信息的。尤其是在审讯的过程中，负隅顽抗的罪犯很多，具有反侦查意识的罪犯也不少，有时即使人证物证俱在，但也总有心理素质过硬的罪犯抵死不认罪。这种情况下，情报机构唯有使用他们的杀器——微反应，攻破罪犯的心理防线，才有可能使其服法。

人类在心底埋藏太多的秘密，这些秘密会膨胀发酵，通过一些方式表现出来。最常见的方式是用嘴讲出来，也有写出来的，这些都属于主动型。假如对方并不愿意主动交代一些事情，那我们该怎样判断或者发现呢？答案就是眼睛。

情报机构探员们的鹰眼无比锐利，没有任何蛛丝马迹可以逃过他们的观察。疑犯的一个眼神、跳动的眼皮、眼球转动的方向，都可以成为情报机构斩获情报的来源。

通过眼神去解读一个人的内心世界，并不是空想。这种方法在古代中国和埃及都有过一些文献记载。想要做到这些也并不困难，至少这不需要什么秘籍，只要我们有足够的经验就够了。

情报机构探员们在办案时经常会与调查对象进行面对面的交谈，这个过程中，他们并不会提及太多与案情相关的问题。更多时像是在闲聊，问一些无关紧要的问题。但其实，情报机构探员们会通过语言的艺术来诱使对方逐步说到正题，而这种时候，就是他们做出判断的时刻。

情报机构心理专家说，假如在调查的过程中，谈话内容进入案情主题时，对方不能保持眼神的对视，而是时不时地看向其他地方，这就代表着对方根本没有关心你所说的内容，或者他无暇顾及你所说的话，更多的是在暗自盘算着什么。

当然，这并不意味着眼神躲闪就有鬼，敢于对视就是坦荡，因为在情报机构探案的历史上，有过太多强作镇定的人。比如当情报机构已经掌握了所有证据，或者假装掌握了所有证据时，情报机构都会用一种欺诈的方法："我们已经全部了解清楚了，你自己谈谈吧。"心理防线松动的人，或许一诈就招了；可也有很多犯罪分子会面不改色地看着你，眼神似乎很坚定，波澜不惊。不要被他做出的样子蒙蔽了，因为有很多犯罪分子在罪行被揭穿之后，或者谎言即将被戳破时，都会直勾勾地盯着审讯人员，试图以此进行伪装，证明自己的无辜。

看眼识人最简单的一个方法就是去大街上走走，尤其是在商场、车站这些人群比较密集的地方。这种地方最好辨认的其实就是小偷，因为他们的眼神太特别。几乎所有小偷最大的共同点就是，在人群中，他们的眼神都是闪烁不定的，他们不像赶路的人，眼睛一直注视着前方；也不像闲逛的，因为他们的眼神不会在其他地方停留。一般来说，他们的眼睛会一直在人群中打转，并且佝偻着腰，随时回头观察身边的情况。

除了小偷以外，我们中的很多人也会有出现这种闪烁不定的眼神的时刻。比如当我们得知了一些消息，这个消息让我们犹豫不定，内心充满了忧虑，但是又没有办法在家人和朋友面前如实说出来时，我们的眼神就是一直在躲闪的、游移不定的。

不同的眼神能透露不一样的心理状态，在情报机构的工作档案中，记录了很多类似的案例。比如罪犯试图用谎言去干扰你的判断，这时候他们的眼神就会有些闪烁不定。假如罪犯的眼神中出现黯然的阴影，这说明对方身上应该发生了一些意料之外的事情。

情报机构以为，假如在审讯过程中，罪犯有突然眼睛一亮的情况发生时，那说明，他一定听到了自己感兴趣的信息，或者是触及了他心里最想要表达的内容。

有很多案犯会试图用表演来迷惑情报机构探员，尤其是女性案犯，她们会借着性别优势，做出一些看似无辜的表情来证明自己是无罪的。这种表演很好分辨，看她是否眼睛上扬就行。

人类对于眼睛的使用应该已经接近极限了，凡是眼睛可以做出的一切行为，我们都已赋予了它特殊的含义。

眼神的变化需要眉毛和眼球的配合，当然也少不了眨眼的动作。虽说眨眼是我们人类最常见不过的动作，但实际上，眨眼也分为不主动的眨眼运动和反射性闭眼。眨眼这个动作一般都是身体自觉进行的，不需要我们的意识参与就可以做到。当我们有意识地眨眼时，所传达的信息就不一样了。

反射性闭眼是我们主动形成的一种眨眼现象，这种眨眼可以视为一种暗号或者是默契。当两个人不需要语言交流时，简单的一个眨眼就可以传递很多信息，比如朋友、同事、情侣等等。

情报机构通过研究发现，人类在正常放松的情况下，眼睛每分钟会眨6~8次，而眨眼动作的闭合时间十分短暂，通常只有十分之一秒。假如我们情绪是处在一种紧张的状态下，比如惊吓、恐慌、撒谎，这种时候眨眼的频率就会高很多。情报机构给出的结论是，我们在撒谎后，因为担心谎言被人戳穿，并且害怕谎言被发现后所要承担的责任，这时候我们会承受巨大的心理压力，内心的情绪会产生巨大的波动。在这种情况下，我们或许可以控制自己的嘴和手，保证不去写什么说什么，但是眨眼这种与生俱来的细微表情是不会被我们的主观意识随意控制的。

波多黎各一家旅馆曾经发生过一起惨案，那是一桩纵火案，造成了97个人丧生火海。情报机构探员在后来的调查取证中迅速锁定了嫌疑人——旅馆的保安人员，因为旅馆起火的地点正好就在这名保安所负责的区域。情报机构探员问了一些非常细节的问题，借此来确认案发时这名保安到底在哪里，是否有不在场的证据。

审讯过程中，嫌疑人表现如常，没有什么破绽出现。探员们就案发时间与现场勘查情况提了一些问题，保安全都对答如流，看不出有什么不对。但是，细心的情报机构探员还是发现了一些问题。每当探员问到案发时他在哪里时，保安的眼睛都会特别明显地眨一下，而面对其他问题时，他都显得十分平静。

情报机构探员意识到，保安在是否在场的问题上有所隐瞒，尽管无法判断是否与他有关，但至少这是一个突破口。随后情报机构探员乘胜追击，语言攻势逐渐加强。最后，保安无奈地承认，他当值的那天偷偷溜了出去见朋友。结果，三名纵火犯潜入他的辖区，酿下惨祸。

这件案子中，尽管保安并没有纵火，但纵火犯之所以能成功实施犯罪，与他擅离职守有着密切的关系。保安一时心虚的眨眼给了情报机构探员重要的提示，借此，情报机构探员才追查到了重要线索。

眨眼是我们习惯性的一个小动作，很多时候我们自己意识不到什么情况下的眨眼是不寻常的。情报机构以为，人类除了在撒谎时会有明显的眨眼动作，当受到人身威胁，或者遭遇一些讨厌的事物时，也会有眨眼的动作。

情报机构的一些实验的结果表明，这种眨眼的间隔时间一般情况下较长。我们正常情况下的闭眼时间是十分之一秒左右，而发生上述情况时，眨眼过程中闭眼的时间要明显长于正常闭眼时间。这种无意识行为其实是大脑发出的信号：大脑试图阻止眼前的事物进入自己的视线，所以发出这种命令。

假如我们在工作生活中发现有人对自己做出此类眨眼动作，这代表对方不是很喜欢你，甚至无法忍受。闭眼时间长的眨眼，代表着他不希望你出现在他的视线之内。在人际交往中，谁都无法让所有人喜欢，尽管大家都明白这个道理，但很多人分辨不出哪些人是讨厌自己的。以后，我们就可以通过观察对方的眨眼动作来判断对方的真实情绪。

延长眨眼间隔还有一种升级版的表现方式，那就是头部后仰，可以长时间地凝视别人。情报机构以为，这种姿态一般是代表一种蔑视的态度，会做出这种姿态的人，普遍比较自大。有趣的是，除了对别人表达蔑视，假如我们自己感觉在某些时候没能得到足够的重视或礼遇，也会不自觉地表现出这种姿态。尤其是在西方国家，我们在电影中经常可以看到类似的动作。

眼球转动是分辨人品好坏的依据

　　每一名合格的情报机构探员都有各种手段来知悉你内心所想，而眼睛几乎是所有探员的第一选择。在侦破案件以及和罪犯斗智斗勇的过程中，情报机构探员需要和形形色色的人物打交道，很多时候嫌疑人都具有高超的反侦查能力，不会留下太多的线索。所以，眼睛一向是情报机构探员掌握重要线索的利器。

　　一个周末，情报机构接到报案，说附近某家商场发生了抢劫案，情报机构立即派遣探员，赶赴现场进行调查。报案人是商场的经理，在顶层有着自己的办公室。经理提示探员，上午九点多时，两名蒙面歹徒持枪闯入办公室，将他手脚绑住后抢走了财务室的钥匙。直到两个小时后，商场的保洁人员发现了经理，这才给他松了绑，两个人急忙报警。那名保洁人员也向情报机构证实了经理的说辞。情报机构探员在做案情记录时发现，经理讲述自己遭遇的惊魂一刻时，目光不停地投向右上方，好像在努力回忆着什么细节一样。

　　探员了解完情况之后对现场进行了勘查，最后认定商场经理在说谎！

　　情报机构重新询问了商场经理，将之前的问题再次提出，要求解答。果然，商场经理对于同样的问题给出了略有出入的答案，尽管他自称是因为紧张所以有疏漏，但情报机构还是揭穿了他的谎言。最后，商场经理无奈地承认，这次抢劫案其实是他和保洁员合作策划的，目的在于骗取大量的保险金。

情报机构是怎样看破经理谎言的呢？负责这件案子的情报机构探员提示记者，商场经理说谎时的破绽太多，录口供时，对方的眼球一直往右上方运动，这个细节是探员认定他说谎的重要依据。

情报机构犯罪专家以为，人类转动眼球的方向和停留的位置是一种无声的表达，本人一般是注意不到的。情报机构通过观察和分析得出结论：当我们在回忆自己看到过的一个画面时，我们的眼球一般是向上转动，目光投向正上方；回忆听过的音乐或者熟悉的声音时，眼球则是往侧面转动，整个人的姿态呈现出一种仔细聆听的样子；假如回忆对象不是具体的事物，而是情绪、感觉这一类，眼球的运动轨迹是右下方。假如我们看到别人的眼球转到左下方，这时不要打扰他，他肯定是在想一些复杂的问题，并且在脑海中自言自语，这时候你出声，会打断对方的思路。

那么，右上方一般代表什么内容呢？是撒谎吗？没错，某些时刻我们可以这样认为。人们在脑海中构建画面和声音时，眼球的朝向就是右上方。人在哪些时候需要自主构建画面和声音呢？可能是发挥想象，创造一些内容出来时，比如画画、写作。而除了必要的工作需求之外，虚构图像和声音的目的，自然是为了掩盖真相，也就是撒谎。

情报机构的结论是从实践当中得来的，这种眼球转动方向的规律适用于大部分人。情报机构以为，眼球转动是人类的本能，除非接受过专业的训练，否则无法作假。所以，通过眼球转动方向判断所隐藏的秘密的方法一般都是有效的。

审讯犯人时，情报机构探员就是通过眼球转动来判断疑犯所言是否属实。因为这种规律很好掌握，只要抛出问题，然后观察他眼球运动的方向和他所交代的内容。假如疑犯眼球运动方向是代表回忆，交代的口供和证据显示一样，这就说明信息是真实可靠的。相反，假如疑犯的眼球轨迹停在"编造"画面的方位时，所说的内容也就不可信了。

人类的心理活动进行得很频繁，很多时候可能自己都难以言明某时某刻心中在想什么。但是通过对眼球的观察，我们可以清晰地掌握很多有用的信息。

很多人觉得自己很会伪装，可以把真实想法埋藏进心底不被人发现。其实并不是他们伪装得好，只是很多人不善于发现。一个人的眼睛可以泄露的信息是他自己无法想象的，谁也无法避免这种情况。

比如，现在很多女性在择偶时都会说，想找一个可以给自己安全感的男人。但安全感这种东西并不是别人可以给予的，就算面对某些人时，你会莫名其妙地觉得是对方给了你安全感。安全感是很私有的一种情绪，很可能你以为能给你安全感的人，他自己本身就缺乏安全感。

怎样判断一个人是否缺乏安全感呢？外在的形象和举止不能证明，但是眼球可以。眼球经常左右转动的人，绝对是缺乏安全感的人。这一类人在生活中长期处于一种不安的状态，他们对自己的言谈和行为举止没有信心，总觉得自己做得不够好，自己肯定会搞砸某些事。产生这种情绪的原因在于，这类人内心深处对某些事物有着极大的焦虑，所以总是会表现出一些焦躁不安的情绪。在这种情绪的感染下，眼球就会不由自主地左右转动。

我们观察眼球时要注意一些事项。眼睛不是很大的目标，很多人的眼睛很小，当距离我们比较远时，就不太方便观察眼球。在这种情况下，我们先要保证自己表现自然。假如有个人贸然地盯着你看，直勾勾地看着你的眼睛，想必是人都会害怕。一旦产生害怕或者是抵触的情绪，眼球的转动往往也会发生变化，我们读取到的信息自然不再是当初想要的了。

除了判断一些内心活动，眼球转动也是我们分辨一个人品行好坏的依据。有个词很形象：贼眉鼠眼。眼神闪烁、眼球乱转的人，往往都没安什么好心思。情报机构对此有过专门的分析和实验，结果指出，眼球无规则地乱转一般代表这个人心中在进行着一些谋划，这些盘算往往会对别人造成一定的影响和伤害。有的或许没有恶意，仅仅是一些恶作剧似的玩笑或者善意的谎言；但有的则可能代表着圈套和陷阱，对人的伤害往往比较大。

眼球乱转意味着视线也跟着乱跑，在对话、交谈时，假如一个人的视线到处乱窜，总是避免和你的视线接触，这些人基本都是心怀不轨，或者是心虚的。面对这种人时，我们在言谈或者行为举动上，需要多留一些心眼儿，因为我们不确定对方会做些什么，或者说，他已经做了些什么。

眼睛虽小，但包含的意义却非常多，学会观察人的眼睛，透过双眼，就可以看穿其内心。

3 / *Chapter 3*

套出真话的方法

心锚是心理暗示的一种

人在不停地接受外界的信息，而有些信息的接收，会影响我们的心理状态。这类信息，我们称之为心锚。

心锚的影响是多种多样的，比如，一个人小时候在泳池边滑倒溺水，那么以后他在接触过于潮湿光滑的地面时就会产生恐惧感；再如，一名足球运动员在罚点球之前擦了一下额头的汗，然后这个球被射进，那么，以后他再罚点球时肯定也会重复这个擦汗的动作。

实际上，心锚是心理暗示的一种。不少人依靠在自己心里植入心锚来获得某种力量，甚至很多名人也有这种种植心锚的行为。比如，迈克尔·乔丹有一件著名的紧身运动衬裤，每次打重要比赛他都要把这件衬裤套在里面；而苹果创始人斯蒂夫·乔布斯每逢新产品发布会，都会穿上一双新百伦运动鞋。

可以说，乔丹和乔布斯并没有为他们各自的"小迷信"做代言，他们只是以为能从这些"小迷信"上得到一些力量。或许乔丹在某一次训练时投进了一个漂亮的三分球，而那时他正穿着那个牌子的衬裤；或许乔布斯写出某段精彩的代码时，正穿着一双新百伦。不管怎样，"种植心锚可以让人自信"，这早就是一个不需要证明的真理。

但我们今天讨论的是心锚的另一个作用：通过给其他人种植心锚来成功套出他的真话。

　　首先要说的是，心锚并不一定是自己给自己植入。

　　20世纪80年代，巴黎蒙马特高地上最著名的交际花当数艾莉婕女士。艾莉婕女士不同于其他混迹于社会的年轻姑娘，她从来就没把自己当成男人的玩物。相反，很多著名的商界巨匠、艺术天才都对她的话难以抗拒。只看艾莉婕女士照片的人很难理解她这种魅力源自何处，直到晚年时，她才把她降服男人的小技巧公之于世。

　　原来，每次当她瞄准目标时，她都会向对方提出一个很合情合理并令人无法拒绝的条件，比如，"能请我喝杯酒吗？""能帮我提一下风衣吗？"这种要求是任何一个绅士都无法拒绝的。而在对方接受要求时，艾莉婕女士会做一个醒目但并不突兀的小动作，比如，用酒杯轻轻碰一下嘴唇。

　　接下来，她会向目标再提几次这类的要求，同样在对方答应时做几下那个动作。这之后，她再次向对方提要求时，只要不是很离谱，无论多难，那些绅士都会在她重复一次那个动作时，决定答应她的要求。

　　久而久之，很多男人甚至无法拒绝艾莉婕女士，不少人以为这是因为她的魅力，实际上，这正是心锚效应的成功应用。

　　艾莉婕女士就是一个"把心锚种植在其他人心里"的例子。她把心锚用在了"提要求"上。同样，我们也可以用在"套话"上。

　　像艾莉婕女士那样，每当对方说了一句真话，就给他植入一个心锚。同样的心锚在对方说真话时多做几次，以后你出示心锚时，对方就会习惯性地说真话。

　　列奥纳德神父管理着一个教堂，他的教区有很多虔诚的天主教徒。这些教徒对列奥纳德神父充满尊敬，而这种尊敬很大原因来自他主持的告解仪式。

所谓告解，是天主教和东正教的一种仪式，在一间漆黑的小包厢里，牧师与告解者对坐，两人之间大部分视线被阻隔，但要保障声音的有效传递。

然后，告解者把自己心里的痛苦与罪恶告知倾听的神父。神父代表上帝劝解指导和宽恕。而告解者说的一切，倾听的神父有义务保密。这种保密高于所有法律，也就是说即使告解者在策划恐怖袭击，按照天主教教义，神父也不应该把这些话说出去。

但即使这样，仍然有很多人不愿意在告解时说出实话，而遮遮掩掩的告解在基督教看来属于亵渎。列奥纳德神父的厉害之处，就在于他能让他教区的教民自愿地说出实话。

当需要告解的教徒走进告解室，坐到神父的对面时，神父会先问一句："你好，孩子，你是来告解的吗？"

这时候神父会用手指轻轻敲打隔在两人中间的纱窗。

接下来，神父会在对方出声前，先不动声色地问几个问题，比如，你叫什么名字，多大了之类。每当对方给出答案，神父都会重复敲击纱窗。

接下来轮到教徒告解了，他们会谈及平时在外面羞于说出口的话。每当他们在告解室难以张口时，神父就会不动神色地敲几下纱窗，教徒就能顺利地说下去……

敲击纱窗，正是神父种在信徒心里的心锚。他用这种心锚，让告解者说出自己的羞耻之处，以此得到心灵的解脱——整个过程与其说是宗教仪式，不如说是一次卓有成效的心理疗程。

当然，即使你并不是抱着"救赎""治愈"的目的，心锚也可以用。你只要在你确定对方说真话时，做醒目而不突兀的动作，那么，以后每当你在做这个动作时，对方说真话的概率就会大大增加，进三步退两步地提问，套出你想要的信息。

我们在生活中常常通过问问题来获取想知道的信息，但怎样保证让回答的人说的都是真话呢？

有人以为需要用强大的气势压住对方，盛气凌人，开门见山。在某些情况下，这种盘问可以起到很好的效果，比如，警察盘问犯罪嫌疑人。但很多时候，假如对方的地位与我们平等，那么，这种问法就会起到反效果。

那么，该怎么办呢？

进三步退两步是个好办法。

当你觉得你的问题对于对方来说过于直接时，不妨先进行一个小小的退让，问一些并不太激烈的问题，中和问者与答者之间的矛盾。

举个例子，丈夫夜不归宿，妻子想问清丈夫晚上跟谁在一起，这种时候，假如把握不当，直接地质问丈夫，那么丈夫就会以为妻子怀疑自己（即使其实是这么回事），不信任出现之后，夫妻感情可能会崩溃。

这时候，聪明的妻子往往会这样："好重的酒味，你喝了多少？"

丈夫："几杯而已。"

妻子接着问："是谁让你喝这么多？下次不要跟他在一起了！"

这时候，妻子就会从丈夫的反应里大致知道他跟谁厮混了整晚。假如丈夫是无辜的，那么妻子只是尽责任去关心他；假如丈夫并不无辜，妻子也可以根据情况灵活应对，这比直接问"你那晚跟谁在一起"要强得多。

情报机构的审讯档案里记载过这样的故事：

弗吉尼亚州有一个名为"酒屋"的在大学生和年轻人中间私贩酒精的团体，而私贩酒精在弗吉尼亚州是违法的。当政府注意到这个团体时，"酒屋"已经拓展得相当之大，从里士满到弗吉尼亚滩，到处都是"酒屋"成员的身影，甚至连安普顿锚地的海军士兵也开始从"酒屋"买酒喝。

拥有如此庞大的网络，恐怕经济犯罪早已形成，于是情报机构介入本案。但当高效的调查局抓获了该组织首领时，发现这个美国历史上最大的私酒贩子竟然是高中生。

对于未成年人，警方一般会避免用严厉的口吻讯问，因为这个年龄段的孩子容易产生叛逆心理，并且不受刑法的责罚。但酒屋组织的影响毕竟太大了，不可不察。

所以讯问员在审讯高中生时，没有直接提问，而是先问了一个看似无关紧要的问题："嘿，小伙子，你多大了？"

高中生满不在乎地说："16岁。可是先生，这和你有什么关系嘛！"

询问员："哦哦，别着急啊！牛仔，16？真的吗？跟我儿子同岁！这个年纪你就能造出酒来？"

高中生耸耸肩："小意思，不用看化学书，我就能造出来。"

询问员："能讲讲经过吗？"

高中生有些不好意思："好吧！先生，我知道我似乎犯事了，但开始时只是因为一个派对。吉恩女士——我们的年级长，准备在宿舍搞一个私人派对，我们班的同学说没有酒会很无聊。我为了讨他们的欢心，做了威士忌，结果他们玩得很开心。"

询问员："从那以后呢？你开始造酒赚钱了？"

高中生："赚钱？不不不。我从没想过赚钱，是吉恩女士。她在那次派对上看中了我，于是找我商量，让我帮她酿酒。她说外面卖的酒太贵了，她找了一间仓库，让我帮她设计成大型的酿酒作坊，然后她让我管理作坊。"

询问员："怎么个管理法？"

高中生："就是，假如有人来拿酒，她就会打电话提示我。取酒之前她会告诉我一个暗号，假如来取酒的人说出了暗号，就给他酒。"

询问员："你从没收到过钱？"

高中生："收钱？我收钱干吗？先生，我并没有为这事收到钱！难道你们抓我就是为了这个？"

询问员马上解释道："不不，你想多了。或者我换个问法，吉恩女士说那些酒是用来干什么的？"

高中生想了想说道："吉恩女士说只是帮她的亲戚酿点酒喝。"

询问员被气笑了："一点酒？我的上帝，你所谓的一点酒让全弗吉尼亚的酒鬼喝了个痛快。嘿！小伙，你为什么要这么帮她？"

高中生不好意思地低下了头："吉恩女士很漂亮……她，她对我很好。"

询问员这才明白事情的来龙去脉，警方马上逮捕了伊万公学的年级长吉恩。

这位询问员并没有一下子就逼问高中生：快交代你的犯罪细节！而是像聊天一般，一步一步瓦解少年的不合作心理，套出酒屋的真正幕后黑手。从结果上看，他是很成功的。

　　这种迂回式的提问方式还很灵活。在一开始问问题时，你可以先"退两步"，而在谈话过程中，当你发现对方的警戒心稍有"复燃"时可以再退两步。

　　就像在这个案子中，询问员问到钱的事之后，高中生开始警惕，询问员马上换了一个问题，不再提钱。

　　其实，很多人喜欢不分场合地开门见山地质问，主要原因是被自己情绪和性格主导了大脑，所以无法在提问前客观冷静地思考自己问话的目的。记住！我们问问题的目的永远是得到正确答案，而不是让对方害怕我们。

任何语言都有一个发展方向

1953年，法国文学巨匠贝克特的两幕剧《等待戈多》在巴黎首演，引起了轰动。本剧主要内容是两位主人公在一条路上等待一个叫"戈多"的人，而戈多是谁，却没有任何交代，两人之间的对话没有任何实际意义和方向。

《等待戈多》拉开了法国荒诞主义戏剧的帷幕，这一派的作品，大多阐述人生没有意义，谈话也不需要有方向。当然，这是文学作品，但在现实生活中，我们发现人与人之间的交谈并不是这样的。任何语言，甚至是最简单的客套话，都会有一个发展方向。

这种方向很多时候显示了人的精神状态，比如，当一个人只是简单地向对方问候"早晨好"时，对方也只需要回答"早晨好"就可以。两人不需要有太多交流，只是纯粹地礼节上地客套一下。

但在我们怀有套话目的时，单纯的问候就是要不得的：两人见面，倘若你只说"你好"，那么，注定什么话都套不出来，因为对方也会用一句"你好"就打发了你。

所以想要问题进行下去，问候语一定要"讲究"，你至少要说："你好，昨天睡得怎么样？"

这时候对方就会回答你的问题，"还好，神清气爽""嗨，做了个噩梦"……但不管对方怎么回答，你都可以继续往下谈"噩梦？是神经衰弱吗？最近发生什么了"就像这样。

在实际操作中，你可以根据你想套的话，改变你的说话方向。

问候语在套话中很重要，因为作为一次交谈的开头，决定着你们的对话能否继续。而接下来，你要说的话也尤为重要，问候语之后的衔接，控制着这次谈话的大致走向。

就刚才那个例子。

当对方回答说他做了个噩梦，而你想要刺探他工作的情报，就可以接着问：是工作太累了吧，公司发生了什么呢？

假如你想要了解他的家庭——怎么了？是家里又出状况了？

就是这样，这种套话方式，显得隐蔽而自然。不会让对方防备，同时满足了社交礼仪上的需求。

问候语和问候语之后的话，决定了这次对话的大致走向。而进行到对话过程中时，同样不能掉以轻心。在谈话中，对方可能偏离你想要谈的事件。比如：

甲："昨晚做了个噩梦，糟透了！"

乙："是工作的原因吗？公司没什么事情吧？最近工作还好吧？"

甲："并不是工作原因，我也不知道最近怎么了，似乎是吃了一些致幻药物。"

我们看得出来，乙想要得到甲在工作方面的情报，但甲的噩梦似乎和工作没有关系。那么接下来，两人的问题肯定会谈到其他方向，但并不是乙关心的方向。这时候，乙就会面临两种选择，一种是放任问题继续走向其他方向，另一种是把问题拉回到"工作"的轨道上。

而这两种选择，实际上都没有错误，我们要根据实际情况来决定。

假如你和对方比较熟悉，你们的这次谈话可以继续很长时间，那么，不妨暂时放弃对问题方向的控制。当聊够了其他问题，问题还会回到你所期望的方向上。

假如这个消息对你很重要，而你和对方又没有那么多时间闲聊，那么就要抓紧时间控制问题走向。

乙："不应该啊，致幻药物的残留药性并不强，不会对你的睡眠产生影响。应该还是工作的问题，男人一到我们这个年纪，就把心思全放到工作上了。"

这样的话会让对方理解成你在关心他，并随着你的话把问题说回到工作上。总而言之，在谈话过程中把问题拉到你想要的方向上时，你的语言一定要前后吻合，切忌生搬硬套，否则会让对方产生疑心，有些不客气的甚至会直接数落你一顿。

当问题的方向被你控制在手里，而你也套出了你想要知道的话，就可以结束这次谈话了。

看起来，问题的结束语似乎和套话没关系，其实，每次谈话的结束实际上都是下次谈话的开始。很多人在交谈时有这种想法，我从对方那里得到了想知道的一切，那么就可以不必再小心翼翼地伺候对方了。

这种"卸磨杀驴"的心态实在要不得，因为说不准什么时候你又要来套对方的话，对方假如记得你上次的恶劣表现，下次可能就不会让你套出什么了。而且，一定要记住，你套话套得越容易，说明对方越信任你，套话归套话，但请珍惜这种信任。

布置遮掩，套出真相

当一个人对我们产生戒备，对我们说的每一句话都不信任时，想要套出他的话是很难的。我们不妨利用事态的发展和对方的处境，布置一个遮掩，挡住你继续打探消息的意图，令他放松警戒，从而套出我们想要的消息。

哈里森·彼得罗夫是纽约的一名"中间人"，主要业务是军火走私——尽管美国并不禁枪，但合法贩卖的枪支都有严格的编号登记管理制度。也就是说，通过合法途径买到的枪支，一旦使用，就能从弹道效果分析出这把枪是谁的。但是彼得罗夫能从国外搞到枪，这些枪没有注册编号，即使留下使用痕迹，也无法查出枪的主人是谁。

所以，在他那里买枪的人大多数是准备犯案的恶棍。

彼得罗夫明知道他卖的枪会威胁公共安全，但为了赚钱，他依然从事着自己的生意。有一次，纽约曼哈顿区发生枪击案，弹道分析的结果表明，案犯的枪并没有在国内登记，所以应该是外国枪。

情报机构希望从彼得罗夫那里得到他近期的客户名单，以此为线索抓到凶手。

但彼得罗夫早就为了这次审讯做了充分的准备，情报机构探员问了几个问题，都被彼得罗夫轻松化解，而且他给出的证词极为完美，令情报机构找不出一丝破绽。

本来毫无办法的情报机构已经准备放弃彼得罗夫，但主管这次工作的老探长决定最后努力一次。他们释放了彼得罗夫，但派了很多探员暗中跟踪，还在彼得罗夫的各种通信器材上装了窃听器。

出了警署后的彼得罗夫果然降低了戒备心，他马上联系了他的一个客户，而这个客户正是杀人凶手。警方和情报机构于是顺藤摸瓜抓住了凶手，也搜集到了彼得罗夫非法贩卖枪械的证据。

人们的戒心怎样产生？

当一个人觉得恐惧不安时，真的是"油盐不进，滴水不漏"。因为对方已经起了戒备心，而且作为一个经常与情报机构打交道的人，又对那一套讯问方式了如指掌，这时想要套出他的真话，简直是难于上青天。

所以，情报机构设计了一个新的策略，撤销警方对他的压力，让他以为自己已经安全了。这样，他的戒心会弱很多，再进行暗中跟踪，他就绝对会露出马脚。

各大超市商场都有一个名叫"防损部"的部门，全称防止损害部。顾名思义，这个部门的职能，就是防止卖场的利益受损。比如，在门口检查顾客是否偷东西，检查内部员工是否私带物品，包括卖场的保安和更夫，也是防损部门工作内容的一部分。

钟小刚是某大商场的防损科科长。最近一段时间，他接到卖场一线员工的举报，说成品肉灌制品区域和高档酒区域出现小规模的商品连续失窃案件，而卖场的监控录像没有发现任何痕迹。做得如此干净，钟小刚认定是内部员工所为。而且白天无法下手，应该是晚上的事情，所以他把嫌疑人目标锁定在几名更夫的范围内。

这一天一上班，钟小刚就叫齐了防损部门的所有员工开会。在会上，他说了这样的话："我最近频频接到销售部门的举报，说货物区有很多起失窃事件。监控没有显示，那就应该是熟悉监控盲区的内部同事干的。我不管是谁干了这些事，我给你24小时时间主动向我承认错误。假如你怕出丑，可以给我发短信，我的号码你们都知道。我可以当着所有人的面保证，这次的事只要你在时限内主动承认，我绝对不追究。你有什么困难我还是可以帮你解决。只要你认错，事情就当没发生过。但假如明天这个时间，还没有人向我认错，那咱们只能公事公办了。"

说完这些，钟小刚宣布会议结束，在这个过程中他一直注意着科员们的表情变化，心里对于嫌疑人的范围，又缩小了一些。

第二天早晨，没有人来承认错误，钟小刚给卖场打了个电话："把林强叫上来。"

林强是卖场的更夫之一，失窃区域就是由他负责的，发现失窃的那几天也是他值的班。昨天开会，林强看似镇定，但钟小刚注意到林强的手一直攥成了拳头，攥得很紧。

林强来到办公室，看起来有些心虚。

钟小刚问道："林哥，找你来呢，首先是从你那里了解一下失窃的事情。毕竟你是一线防损员，比我们搞文职的更明白一些。"

林强暗地里长舒了一口气，谦卑地说道："钟科长您这话说的，我一个大老粗能懂什么？"

钟小刚："卖场的监控一直有不少盲点，我跟工程部谈过，但假如把盲点全部抹掉，预算太大，采购科批不下来，所以想从你这里问点建议出来，毕竟你在卖场做了十多年了。"

钟小刚就这样问了林强许多问题，大部分似乎都是抱着学习的心态。林强的语言越来越流畅，心里的包袱越来越轻，有时候，甚至真的用长辈的口吻对钟小刚进行了"教导"。

两人聊了20分钟，林强放下了戒心，正当他准备推门出去时，钟小刚忽然问道："哎，林哥，你在货柜上取洋酒时怎么避开的监视器？"

林强得意地说道："货柜附近也有监控盲区……"

话音刚落，他就知道自己说错话了，冷汗淋漓。

几个小时之后，林强被开除了。

让一个戒心极重的人，慢慢放松心情，在心情最为放松时，他的大脑甚至是空白的，因为在轻松之中，带着某种狂喜。而接下来，当你骤然而又平淡地提及某个敏感的问题时，对方甚至意识不到这个问题有多敏感。林强就是因此而"招供"的。

那个轻松的心境，实际上就是你的陷阱。布置陷阱时你要确保对方真的放松，这实际上就是确保陷阱的隐秘性。而接下来，当你问出问题时，就是启动陷阱的机关。这时候，你一定要轻描淡写，让对方意识不到你在问什么。

当然，很多时候，这种陷阱的成效未必有钟小刚搞得那么好。比如，林强可能在最后关头，并没有说漏嘴。但即使这样，你的突然袭击也会打乱对方的心理防线，让他的话自相矛盾，从而分析出某些有利于你的信息——而得到这些信息，对于你来说，也同样是套话的目的。

提高你的提问技巧

在日常生活中，哪一种套话方式最为直接呢？当然是直接提问，把我们想知道的话直接问出来，这样对方的答案可能最接近于我们想要的。

但是，提问是一种考验能力的交流方式，抱着同样目的的两个人，用不同的问话方式可能会从对方那里得到截然不同的答案。之所以会这样，是因为每个人的提问方式不同，有些人更会提问题，有些人不会。而怎样让我们的提问技巧提高，这里面有一些小技巧我们不妨来看一看。

首先，我们讲一个提问权利的问题。

先请大家回忆一下自己是被提问者时，当别人很突兀地问我们问题，我们是否觉得很反感？比如，相亲，很多人会见面就问"你月薪多少"，这时候，被提问方就会很不适。

怎样让对方听到我们的问题后，不会觉得不适呢？

还拿相亲来说，女孩在问工资之前，不妨先问一句："我能冒昧地问一个问题吗？"

男方："请说。"

女孩："您的收入情况是怎样的呢？"

假如是这样，男方应该会很愉快地回答这个问题。实际上，这种获得权利的提问，看似只是客套，实际上有着重要的功用，那就是为下一个提问做好铺垫，让被提问者做好心理准备。尽管看似无足轻重，但实际上却生死攸关。

这类的垫场提问还有很多：

我可以谈一下自己的看法吗？

您的意思我是否可以这样理解？

你看这个办法是不是也行得通？

……

当你要说的一个问题，有可能对对方的心理防线产生冲击时，一句垫场提问便能让对方对你问题的承受底线继续降低，你的问题自然也会显得而受欢迎得多。

垫场提问之后，就是提问的正式内容了。假如你的正式提问，只是一两个问题，那么倒还好；假如你的问题很多，那就有一些要注意的问题和可以利用的技巧了。

连续发问很容易让对方产生疲惫。有一次我和一个许久未见的朋友聊天，他刚从英格兰留学回来，我一下子问了一串问题，对方翻了个白眼，对我说："你是查户口的？"

那么我们怎么办呢？在这里，我们提出两个解决方案。

第一个方案：要尽量精简提问次数。

第二个方案：让你的提问变得有条理。

性格决定处境

引用中国足球的功勋教练米卢诺蒂维奇的一句话：态度决定一切。这句话实际上来源于心理学杂志上的一句话：性格决定处境。

隆巴顿走私团伙在一起秘密交易中被警方抓了个现行。

但当走私的物品被查封后，这些东西让所有情报机构探员都挠头了：他们交易的东西是看不出用途的细长金属带子，这种金属带很薄，反光会变色，长度不等，宽度为三到四毫米。

没人知道这是什么，化验之后也得不出结论——查获了这些东西，假如不知道其价值，那么，无法给被捕的隆巴顿团伙定罪。

所以情报机构决定在其团伙内部找到一个突破口，他们希望团伙的某个成员能提示他们金属带的作用。

情报机构在抓捕的疑犯中千挑万选，找到了凯特·林森。

凯特·林森已婚，有三个孩子，他表面上的身份是酒吧调酒师。情报机构找到他，希望他能够跟警方合作。

说明来意之后，林森摇了摇头："你不知道隆巴顿手下有多少人，你们这次尽管抓到了其中的骨干，但还有几个人，是谁，你并不知道。我怕我的家人被害，所以我不会帮你们的。"

情报机构探员："你误会了，林森先生。我们不需要你出庭做证，我相信，以你的脑子，应该知道我们在哪儿犯了难。"

林森笑了起来："是的，我猜你们根本不知道我们买的东西是什么。48小时后，你们没有其他的证据，就会释放我。所以提示我，老兄，为什么在你们这里吃两顿免费午餐之后就要被释放的情况下，我要冒着全家被杀的危险帮你们？"

情报机构探员也笑了："相信你的家人还不知道你参与隆巴顿团伙的事吧？"

林森的笑容僵住了。

探员继续说："你说得对，我们会释放你们，但这之后呢？我们会把此事捅到媒体上，你就设法在你家人面前做个好人。任你怎么解释，你的家人也会怀疑你，好好想想吧。"

林森低吼道："假如让她们冒生命危险！那么，我情愿让她们离开我！"

探员摇了摇头："不不不，我们不会让你冒任何危险。你不必出庭做证，只要告诉我们那些该死的金属丝是什么，再把落网的团伙名单告诉我们。你就算完成协议，没人知道你出卖了团伙。我们甚至可以让你和其他走私犯一同宣判，然后我们保护你去美国中部，并为你介绍一份工作，我们都知道你调酒的技术很棒。你看怎么样？"

林森沉默不语。

探员："林森先生，我们都知道你并不是个坏人，你那样做只是因为希望你的三个孩子接受最优秀的教育——关于这点，我们可以帮你解决，我们会帮你搞到三张伊顿公学的入学考试通知书。凯特，我想你知道该怎么做。"

"那是加拿大货币的防伪线。"

"什么？"

"那些金属带，是加拿大五十元货币的防伪线。我们已经有了那种纸张和荧光墨水的配方，只剩下这种防伪线了。这种防伪线是印制加拿大元技术难度最高的组件。给我一张纸，我把落网之鱼告诉你们。"

凯特·林森面临的选择是：假如不合作，那么他的家庭将会瓦解；假如合作，他将和他的家庭开始一段新生活！而据情报机构了解，林森并不是个十恶不赦的恶徒，所以当他有机会在安全的情况下，过上更好的生活时，他肯定会选择合作。

一个人的性格和处境是难以分隔的：性格决定处境，处境影响性格。甚至可以说，我们和一个人打交道，实际上就是与他的性格和处境打交道。正是因为性格与处境的这种切合关系，当性格与处境发生矛盾时，就是他心里左右为难时，这个矛盾就是我们攻心的关键，这个矛盾暴露了他的弱点。最致命的弱点实际上都是性格和处境无法协调造成的。

就拿凯特·林森的例子来说，他的处境是作为走私犯罪嫌疑人被捕，面临着家庭破裂；而他的性格，则对家庭无比看重。他的性格和处境构成了他的弱点，情报机构抓住了这个弱点，让他开口供出了实情。

在生活中，我们不妨时时刻刻从性格与处境的矛盾关系去分析身边的人：

一个很孝顺的同事，由于工作调动，大年初一没法和父母一起过；

一个对社会地位极为看重的领导，由于决策失误，可能地位要一落千丈；

一个很爱他女友的男孩，由于一个不经意的错误，可能要失去爱人。

人们在任何时候都有这些类似的烦恼，这时候，假如我们能像情报机构那样，帮助对方解决问题，那么对方自然会感恩戴德。但大多数时候，我们可能无力予以帮助，这时候，你就要顺着对方的性格，理清他的处境。

你要相信，一个处于苦闷中的人，十分希望有人把他的烦恼说出来，只要你能找准他性格和处境之间的矛盾，那么对方就绝对会把你引以为知己。

而当你成为一个人的知己时，很多话甚至不用去套，对方就会主动地告诉你。

影响套话的环境因素

套话行为的目的是套出对方的信息，无数次套话有无数种手段，但殊途同归。而除了套话手段之外，影响套话的另外一个因素也很重要——环境。

我们要选择什么样的环境进行套话？这是一个很值得研究的问题。

东方传统的谈判习惯与西方截然不同：西方人喜欢西装革履地坐在办公桌前谈业务，而东方人则喜欢把大多数事放到饭桌上、茶室等休闲场所谈。

所以刚刚接触东方的西方人很不习惯：大家明明在一起吃饭喝茶，怎么就开始谈上了生意？

殊不知，东方的这种沿袭千年的谈判习惯，有着一个很有实用价值的原因：当人们在享用美食时，大脑会分泌一种信息素，这种信息素使人产生强烈的满足感。而在充盈着满足感的状态下，人们会变得很容易交往。甚至在饭桌上，两个素未谋面的人也会在10分钟里变成无话不谈的好友。

而饭桌环境的升华，就是酒桌环境！

俗话说得好：见十次面不如吃一顿饭，吃三顿饭不如喝一顿酒。三杯酒下肚，再怎么刻板的人也会对你说出肺腑之言。想要在一个陌生人身上迅速套出有价值又有难度的信息，最好的办法莫过于请他喝酒。酒精的力量从古至今一直被各国贤者诗人所赞颂，并不是没有原因的。

除了饭桌酒桌之外，套话时的时间也很重要。

一般来说，一个人在黄昏时的状态最为放松，因为这个时候，大家经历了一天的劳累之后，身心都很放松。而这种放松带来的是松懈感：很多平时会严格保密的话，这时候可能会不自觉地说出来——这就是我们的可乘之机。

当然这并不绝对，很多人晚上工作，那么对他们来说，清晨可能就是他们的黄昏。总之，你要趁对方在劳累一天之后，最疲惫时套真话，成功率会大大提升。

除此之外，套话时的天气也尤为重要。绝大多数情况下，风和日丽的晴天会比乌云密布的阴天来得更让人愉快。而我们都知道，当一个人身心愉悦时，离说真话时也就不远了。

以上说的，是有利于套话的环境，下面再来说说那些不利于套话的环境。

过于正式的商务场合

相信大家都有这种感觉，在宽敞明亮的会议室里，一尘不染的环形办公桌前，正襟危坐的职场男女们，他们要就某个问题进行谈判，可能是一次资产重组，可能是一次刑事诉讼，谁都想套出对方的底线为本阵营立功——但大多数人办不到。

为什么呢？

这种场合在现代人的词典里，就是标准的博弈场合。任何人只要身处这个环境，自然而然想到的就是怎样让己方利益最大化，再嘴大的人也会不自觉地变得极为嘴严。

想在这样的环境套出话来，尽管不是绝对地不可能，但难度要大很多。

正处于工作状态的人不容易套话

一个专心于工作的人，往往是两耳不闻窗外事的，大多数人在这个状态下拒绝与外界交流。任何打断他们工作的信息，都会让他们变成火药桶。这时候他们对于任何社交活动缺少耐心，你的提问他们能敷衍就敷衍。想在这时候套出实话，难！

恶劣的天气是套话的障碍

比如，一天清晨就下起了雨，而你选择在这一天向某人套话，你会发现对方对你的提问多少有些心不在焉。

不过这里有个例外，当你和对方的关系牢固到一定程度时，过于炎热的气温很多时候甚至能莫名其妙地帮助你成功套话。

对于这种现象，学术界没有做出明确解释，我们尝试从生物本能角度来稍做解释：或许因为寒冷状态会使人蜷缩着保护自己，而这种动作带来的自我心理影响就是"较高的心墙"；炎热的天气会让人脱去过多的衣物，裸露大面积的肌肤，而这会让人在心灵上有较大程度的敞开。

选好交谈的环境，是套话之前的必做功课，这方面需要考虑的问题有很多：时间、天气、对方的疲劳度、环境对人神经的影响……掌握了这些，你会发现套话变得容易很多。

4 / *Chapter 4*

透析言辞微反应

打招呼方式透露性格

　　人的性格特点，在生活中点点滴滴的事情中可以看出来。打招呼是日常生活中最常见的事情，不同的打招呼方式，会透露出一个人怎么样的性格呢？我们一起来看看。

最平常的打招呼方式

　　这是与人见面时，用的频率和场合最多的一个词。无论是对陌生人，还是老朋友；无论是在公共场合，还是在办公室，打招呼用"你好"绝对最保险。通常，习惯这种方式的人头脑比较冷静，能很好地控制自己的感情，不喜欢大惊小怪。无论做什么事，都勤勤恳恳，一丝不苟，深得同事和朋友的信赖；对待他人比较实在，有一说一有二说二，很少与人发生正面冲突，人缘很好。

最直率的打招呼方式

　　跟人打招呼，用这种方式开头的人，为人比较坦率直白。他们精力充沛，活泼快乐，遇到事情比较乐观，看得开。同时，这类人思维敏捷，富有幽默感，为人活泛，能够接受反对意见。

最害羞的打招呼方式

　　这类人个性腼腆，多愁善感。做起事来，通常小心翼翼，害怕因出错受到轻视，所以不敢去做具有创新性和开拓性的事情。在人际交往上，他们平时少言寡语，也不愿意和朋友一起在外面玩耍，宁可陪同爱人待在家中。但是，面对熟悉的人，他们会表现出热情开朗的一面，故意讨人喜欢。

最热情的打招呼方式

这类人性格开朗，待人热情、谦逊，喜欢参与各种各样的事情，很容易融入新团队中。他们乐于助人，不管自己能不能做，对待需要帮助的朋友，绝不会袖手旁观，所以人缘好。缺点是，爱幻想，不理智，容易被自己的情感所左右。

最直接的打招呼方式

这类人往往办事果断，好冒险，失败了也能吸取经验教训，并且，很乐意跟他人共享自己的感情和经历，喜欢表达自己。

最八卦的打招呼方式

这类人往往好奇心极强，凡事都爱刨根问底，弄个明白。更有甚者，总爱打探别人隐私，背后议论他人是非，不招人待见。同时，他们热衷于追求物质享受，并对此不遗余力。优点是，办事前能周密计划，做起事来有条不紊。

最言不由衷的打招呼方式

当他们问"你怎么样"时，并不是真的关心你，只是想引起你的注意而已。这类人喜欢出风头，对自己信心满满，但又会时常陷入深思。他们做事之前，喜欢经过反复考虑，才采取行动，并且，一旦开始做了，就全力以赴投入其中，有种不达目的誓不罢休的劲头。

我们所见的每个人，都有他自己习惯的打招呼用语。一开口，就暴露了自己的个性。换句话说，我们可以从一个人日常的打招呼用语中，判断其性格特质，以便很好地与之交往。

答题习惯透露性格秘密

在交谈过程中，我们难免会问他人一些问题，或者回答别人的问题。从回答问题的习惯中，就能得知这个人的性格秘密。一般来说，根据回答情况，可分为以下几种性格：

回答问题时，华而不实者

这种人口齿伶俐，能说会道，回答问题时，口若悬河，滔滔不绝。乍一听，给人留下知识丰富，又善于表达的印象，但是，假如仔细分辨，会发现他的回答听起来天花乱坠，实则没有说到点子上。这类人，往往处事老辣圆滑，虚伪而狡诈。跟他打交道时，一定注意不要被他说的好听的话蒙骗了。

回答问题时，貌似博学者

这类人会有一些才华，对各科知识也不能说不懂，只不过只知皮毛，泛泛而谈。个性方面，有一点小聪明，却自恃聪明，不肯用功；兴趣广泛，却因为没有恒心，没有毅力，不能够精而专地学习。在工作上，这样的人没什么责任感，不能胜任某样具体的工作，更做不了领导。

回答问题时，不懂装懂者

这类人好面子，虚荣心非常强，他们很怕因为无知受到别人的嘲笑，所以只好不懂装懂。而且，他们为人固执，不善于接纳别人的意见，遇到跟自己意见不合者，无论有没有理，一定会争个面红耳赤，直到对方认输。假如本来就是对方的错，更是得理不饶人，所以这类人在群体中，大家一般都会敬而远之。

回答问题时，避实就虚者

这类人处事圆滑，趋利避害。一般来说，遇到不利于自己的情况，就想蒙混过关，并且爱使用一些旁门左道的方法，让别人干活，自己坐享其成。除此之外，他们个性懦弱，不敢承担责任，遇到事情喜欢推诿，唯恐出什么乱子牵扯到自己，不善于把握机会，即便机会很好，也只能在犹豫中眼睁睁看它溜走。

回答问题时，鹦鹉学舌者

这类人没有主见，没思想。碰到问题需要回答，只会套用别人的话语，没什么自己的见解。他们的虚荣心强，把别人的理论拿来宣扬，从来不说明出处。并且，这类人模仿能力也很棒，只要是他们听到或者见到过的，基本上都能复制出来。用人者，可以利用一点为吾所用。

回答问题时，滥竽充数者

这类人有一定生活经验，知道怎样明哲保身，维护个人利益。他们一般不会第一个发言，总会在最后，讲一些人家已经讲过的观点和见解，整理成自己的东西，让这些见解显得更精辟。个性上，这类人大多性格懦弱，也没有什么脾气，不喜欢与人争辩。喜欢一成不变，缺少改变的勇气。是个没有什么危险，但也没有大的能力之人。

总而言之，暗藏在大家心中的东西，当你越是想隐瞒它、掩盖它时，反而会让其暴露无遗。比如说个性，无论你是刻意斟酌才回答问题，还是不假思索就回答，都会在你开口回答时暴露无遗。

口头禅是一种语言习惯

社交中，绝大多数人都有经常挂在嘴边的口头禅。这种口头禅是由于语言习惯逐渐形成的，具有鲜明的性格烙印。

比如，周杰伦的口头禅是"diao"，有酷、棒、帅、好的意思，说明他渴望自己更有男人味、更强大，也表达自己做乖孩子的不安全感，他需要更有个性的力量做证明。

再比如，蔡依林的口头禅是"是哦"，可见她很小心，对世界带点妥协与顺应。

在现实生活中，人们爱说的口头禅一般分为这样几种：

说真的、老实说、的确、不骗你

他们特意强调这些词，是担心对方误解、不信任自己。这种人性格有些急躁，内心常有不平，在意别人的看法，也希望别人能够信任自己。

可能、也许、大概

这类人一般比较圆滑，自我防卫本能很强，不会将内心的想法暴露出来。在待人接物时沉着、冷静，人际关系一般都不错。许多政治人物都喜欢用这类口头禅。

听说、据说

经常使用这类口头禅的人，是在给自己说话留有余地。这类人一般见多识广，处事比较圆滑，但往往没有决断力。

你应该、你必须、一定要

说这样话的人，一般自信心极强，往往比较专制，希望别人无条件顺从自己。在单位大多担任领导职务的人，易有此类口头语。

啊、呀、这个、嗯

常使用这些词的人，一般会有两种：一是反应比较迟钝，或者词汇量少，说话时利用这些词做间歇，理清思路；二是做事谨慎、城府较深，比如领导，往往会在发言时说这些词停顿，既可以显示风范，又能防止自己说错话。

好啊、对呀、有道理、是这样的

这是一种顺从的表现。喜欢说这类话的人，一般为人老练圆滑，甚至有些阴险。他们表面表示同意你的意见，博取你的好感，或者鼓励你继续说下去，但你若损害了其利益，他一定会翻脸，并拿你说过的话当弱点攻击你。

但是、不过

这类人有些任性，尽管看似接受了别人的意见，提出一个"但是"作为转折，实则是在为自己辩解。

同时，这也说明，他们为人温和，不会断然拒绝他人，说话的语气委婉，让人容易接受。通常，从事公共关系的人常用这类口头禅。

除此之外、还有

这类人思维比较敏捷，对周围的一切都充满了好奇心，喜欢参与各种各样的事情，但做事往往只有三分钟热度，不能坚持到底，更不能善始善终。这类人思想前卫，富有创新精神，常常会有一些别出心裁的创意，让人耳目一新。

其实、是这样的

这类人大多个性倔强，并且多是有点自负，喜欢坚持自己的意见，不会轻易被说服。而且，他们往往有着强烈的自我表现欲望，说这些话，是希望能引起别人的注意。

通过了解，我们可能明白了，口头禅原来包含这么多的信息，所以千万不要看它不起眼，它对你了解对方个性会有很大帮助。

声音表露内心活动

春秋时期，郑国相国子产一次外出视察，看到一个妇女在坟上哭，子产下令拘捕这个妇女，随从们不解。子产解释说："她尽管哭的声音很大，但哭声中没有哀痛之情，反而有恐惧之意，其中一定有诈。"后来经过审问，果然证实这个妇女与人通奸，谋害了亲夫。

从一个人的声音中，不仅可以听出她的情绪，而且，从其声音的变化，也可以看出其内心的变化。

说话声音很大

这类人个性爽快、明朗，待人真诚，说话直来直去，不喜欢绕弯子，常常在无意中得罪人。尽管他们意识到了这点，但也绝对不会改变自己的说话方式。此外，这类人人品正直，做事光明磊落，令人敬佩。他们的组织能力也不错，又有责任心，能得到他人信赖，所以比较适合做领导。

说话声音很小

这类人缺乏自信，也没有什么气度，常为一些微不足道的小事跟别人吵架。他们城府一般都很深，工于心计，善用谋略，不管什么事情他都要做成功，甚至为了追求成功会不择手段。同时，在待人方面，这类人比较势利眼，对他人也绝对不会流露真心，所以尽管他们可能事业不错，但知心朋友却很少。

声音突然由低到高

一般来说，出现这种情况，有三种心理原因。

1. 情绪非常激动。当一个人受到刺激，就会情绪失控，说话声音会不自觉地提高。比如，突然中奖的人，一定会兴奋地大喊"我中奖了"，来分享自己的喜悦；又如，和爱人吵架时，总是难以抑制愤怒，越说声音就越高。

2. 试图说服对方。比如在辩论赛上，说到激动处，选手几乎都是喊出来的。这么做，是为了让你接受他的意见。人们在着急时，会在潜意识里希望用声音来威慑对方，大声喊出来，会增加说话人的自信。

3. 想支配或者命令对方。常见于家长对孩子，老师对学生，上级对下级。提高声音，是为了增强自己的权威，让他人乖乖服从。

声音突然由高到低

出现这种情况，有两种原因。

一种是理屈词穷，越说越没自信。当一个人自信满满时，说话底气也会很足。当他觉得自己没理时，声音也就会慢慢降下来。例如，孩子犯了错误，受到家长批评，尽管还在狡辩，但是随着家长的质问，孩子的声音会越来越小。

另一种是内心恐惧不安。当一个人由自信到不安时，声音也会慢慢降下来。比如，员工汇报工作，领导一句话也不说，员工会担心自己是不是哪儿做得不好，惹上司生气啦，他说话的声音相应也会越来越小。

可见，声音变化与说话人当下的心理活动密不可分，大小、轻重、缓急、长短不一样，内心的活动也就不一样。所谓闻其声，辨其人，就是这个道理。

声调也能透露个性

生活中，有些人说话轻缓柔和，有些人声音沉重威严，还有的人语气高亢清朗。俗话说，"听话听音，浇树浇根"，不同的音调表现出人们不同的个性。我们一定忘不了电视剧《还珠格格》里赵薇扮演的小燕子，无论何时何地，都能听到她很大的说话声。这刚好暗合了她不拘小节、大大咧咧的个性。

语气刚强而坚毅的人

这类人胸怀坦荡，是非善恶分明，办事光明磊落，坚持原则，有较强的组织纪律性。但是，这类人不懂变通，比较顽固，做事从来不给人商量的余地，所以会得罪一些人。不过，因为能够做到公正无私，实事求是，所以能得到大多数人的支持和拥护。

语气温和而沉稳的人

这类人往往具有长者风度。考虑问题时比较全面，做事慢条斯理，按部就班，并且有很强的耐力，一旦确定目标，就会踏踏实实坚持到底。这种类型的男性稍显固执，坚持己见，不会受他人意见影响，也不会讨好别人。开始不容易相处，但的确忠实可靠。这种类型的女人，具有同情心，能够体谅他人，肯为别人做出牺牲。

语气圆通和缓的人

这类人为人豁达，性情开朗，待人宽厚、仁慈、诚恳，具有同情心和包容心。在交际方面，能够八面玲珑，不容易受他人的责怪。除此之外，他们不太能接受新鲜事物，但是也不会反对，一般会持理解的态度。

说话声音高亢尖锐的人

这类人一般比较神经质，对环境敏感，富有创造力及幻想力，美感极佳。而且，他们具有攻击性，在与人交往中，一旦发现谁有不对的地方，总会毫不留情地指出来，而不顾是否会让对方难堪，所以往往不被人喜欢。同时，他们的洞察力也很强，思想又很独特，看问题往往能够一针见血，指出其本质所在，假如能够充分发挥这样的个性，会比较容易成功。

说话声音轻柔的人

这类人通常性情温顺，淡泊名利，很少与人发生利益上的冲突，跟大家相处起来比较容易，关系也不错。但从另一个角度看，这类人胆小怕事，很害怕卷入各种是非中，所以采取回避的态度。假如有人指导鼓励他们，其实，他们也能加入各种竞争中，将自己的才华淋漓尽致地发挥出来，成为一个刚柔并济、能屈能伸的人，必定会有一番大作为。

说话声音娇滴滴的人

这类人说话嗲声嗲气，其实是希望得到大家的喜欢和爱护，但是，他们心浮气躁、常编造各种谎言，反而会招人厌恶。假如是男性，则多半是独子或者在百般呵护下长大的孩子。这种男性做事优柔寡断，判定事物时迷茫而不知所措，对待女性则非常含蓄，一对一跟女性谈话时，会非常紧张，也绝对不会主动发起攻势。

语速反映内心状况

人们说话，是在进行一种思想的交流，同时也是感情的流露。语速不同，说明其内心的状况不同。比如，某人平时能言善辩，突然结结巴巴说不出话来；或者某人平时木讷，突然滔滔不绝地说一大堆话，则一定事出有因，他的心理发生了颠覆性的变化。所以仔细留意一个人说话时的语速及变化，就能掌握其心理状态。

说话速度快的人

这种类型的人说话时就像连珠炮，不但语速快，而且一句接一句，根本容不得别人插嘴。一般来说，这样的人很聪明，思维比较快，应变能力较强，所以说话也快。同时，他们性格大多外向，口才也不错，见什么人说什么话，能说会道，在交际场合如鱼得水，深得他人欢心，也容易达到目的。缺点是，他们心里藏不住事情，有时会将不该说的事讲给大家听。而且，他们脾气比较暴躁，一件小事可能就会让他们生气、发怒，做事比较武断，极有可能一意孤行。

说话速度慢的人

这种类型的人大多属于慢性子，不仅是说话不紧不慢，即使遇到急事，他们也能镇定自若。这样的人心地善良，为人宽厚仁慈，富有同情心，能够关心体谅他人。若是女性，则会性格温柔。一般来说，这类人内心平静，思维细致缜密，做事爱计划，而且能够听取他人的意见，但又不失自己独到的见解。而且，因为他们富有亲和力，说话委婉，人际关系很不错。缺点是，他们思想比较保守，基本不会接受任何新鲜事物，过于坚持原则，思维也稍显迟钝，做事总是犹犹豫豫，缺乏魄力。

说话速度极慢的人

这种类型的人说话非常慢，很多时候都是吞吞吐吐，不知所云。这类人个性过于软弱、内向，他们缺乏自信，为人木讷，做事迟钝。

语速突然加快

研究表示，一个人在紧张、愤怒、兴奋、急躁、恐惧时，会突然加快语速。他们希望借着快速的谈吐，使内心不平静的情绪得到解除。但是，因为没有冷静地思考，他们谈吐的内容会十分空洞。假如碰到慎重与精明的人，马上就能看到他们内心动摇的状况。

语速突然放缓

当一个人心情沉重时，比如，伤心时，困惑时，说话速度也会变得很慢。我们看《新闻联播》，每当报道灾难，或者某个重要人物去世，播音员会故意放慢语速，与这是同一个道理。

除此之外，假如对于某个人心怀不满，或者持有敌意的态度，人们说话的速度也会变得迟缓，甚至有些木讷的感觉。因为他们其实不想把不满或敌意表现出来，但越是掩饰别人看得就越清楚。

总之，语速是可以微妙地透露出一个人说话时的心理状况的。多留意他人的语速及语速的变化，其细微的内心活动，就不会逃脱出你的眼睛。

语言风格透露个人修养

俗话说得好：好人出在嘴上，好马出在腿上。语言是打开人际交往大门的钥匙，也是生活中最重要的沟通工具。我们判断一个人不单单看其外貌是否漂亮，举止是否得体，最重要的是和这个人的接触中，他的语言给我们带来的最直接的感觉。言如心声，一个人的语言风格是自身修养的最好证明书。

语言是一门艺术，在交往中我们往往重视别人的语言合不合自己的胃口。确定要不要和一个人交往下去的最主要动力，就是这个人的语言带给自己的最直接的感受。

在和一个人的交往中，我们往往过于重视对方说话能不能给我们带来愉悦，而忽略了通过一个人的言语去观察其内心的活动和他的性格特点。只有深入了解一个人的性格和内心的需求，我们才能投其所好，才能在人际交往中占据主动。

说话文绉绉的人

这一类型的人，往往有着很好的教育背景，喜欢咬文嚼字，交谈中会涉及大量的无关信息。这一类型的人生活中有点附庸风雅的作风，表面上自信，内心是自卑的，而且喜欢显摆自己的知识和学识。俗话说一个人炫耀什么就说明他缺少什么，这类型的人表面上有着很好的修养，而其实内心是对自己比较没有把握的，所以喜欢在交谈中摆出自己的身份，是一个内心空虚的花架子。

油嘴滑舌的人

这种类型的人工于心计，精于算计。这一类人往往见过一点世面，内心充满了对自己利益的追求和考虑，往往对自己很大方，而对别人非常计较，甚至可以说是非常小气。他们的性格不稳定，圆滑世故，深谙人际交往的法则。这种类型的人做人比较虚伪，善于隐藏内心的想法。可以与这类型的人交往，但是不可深交。

快人快语的人

这种类型的人往往性格豪爽，为人正直，内心也非常坦荡。内心的想法和自己的言行是极其一致。这种人往往注重自己的感觉，有什么说什么，心里不藏事情。因为直接而豪爽的性格，所以对自己和别人的事情都不能保密，因而情绪变化快，做事情韧性较差。

沉默寡言的人

这种类型的人多数比较自卑或者是过于工于心计，内心的想法往往不想袒露出来，使别人都不能了解真实的他。自我保护意识较强，往往能够专注于自己的事业。做事情韧性很好，能够坚持，性格比较稳定，不会出现大的反差。

说话粗鲁的人

这一类人往往是学识修养比较欠缺，说话不讲方式，很容易得罪别人。这一种人对自己和别人没有一个很好的认识，不懂得说话的方式，性格豪爽而且直来直去。无论外表看起来成熟与否，其实际情况是没有多好的语言修养，做事情也是粗枝大叶、丢三落四的。这种人往往没有什么大的野心，追求小富即安的生活。

在和别人的交往中不要只注意别人话语给自己带来的心理感受，更多的是注意通过对方的语言风格去了解这个人的性格特点和内心世界，以便自己能够取得主动地位，占据优势。

谈事场合体现处世方式

与他人有事情要谈时，常常会有人在饭店请客吃饭，也有人选择在办公室谈事情，甚至还有人喜欢把地点约在酒吧里。你知道吗，选择不同的场合谈事情，能够彰显一个人的处世方式，他是圆滑还是古板，是诚实还是狡诈，都能从中略知一二。

喜欢在家里谈事情的人

之所以选择在家里，是因为对环境熟悉，不会担心意外的人或声响打扰他们的谈话情绪，这说明，这类人个性比较软弱，胆小怕事，对外界的适应能力很弱。在工作生活中，他们常会压抑自己，掩盖情绪，喜怒不行于色，所以时常会感觉到压力，并且不知道怎样发泄，而令自己越来越累。

喜欢在办公室谈事情的人

办公室是一个单一性质的场所，不会有他人打扰、影响谈话内容和氛围。选择在此地谈事情，说明此类人对人对事一般很有诚意，值得信赖。而且，他们对工作充满了自信，把工作当成生活重心，假如某一天忽然歇下来，会很烦躁，而且没有安全感。一般这样的人比较富有责任感，做事比较认真，尤其是朋友拜托的事情，他们一定会竭尽全力办好，所以人缘较好，能够得到朋友的尊重和信任。

喜欢在饭店里谈事情的人

这里属于公共场合，人多嘴杂。能选择在这里谈事情，首先说明这类人很有胆量，不担心自己的隐私被其他人窃取；其次这类人很有气魄，他们非常自信，无论遇到什么样的事情，都会有十足的把握避免和解决问题。并且，他们智慧超群，能够想出各种各样的办法，应对紧急发生的困难。

喜欢在茶艺馆里谈事情的人

相对来说，茶艺馆有一定私密性，而且可以掩盖自己的庐山真面目，比如电视剧中的地下党多在茶艺馆碰头联络。应该说，这类人处世极为谨慎，做任何事情都会很小心，也不会轻易流露自己的目的，通常给对方一个轻松的假象，来套取他人的信息，或者获得他人的信任，属于极有城府的一类人。

喜欢在酒吧或俱乐部谈事情的人

之所以选择这样的场合，是因为这类场合能满足对方的很多欲望，而且可以名正言顺，同时，还能提高自己的身份，扩大影响力，有利于目标的实现。其实，这类人多是沽名钓誉之辈，做事高调爱显摆，他们也追求成功，但往往会因为自己某一方面的欲望功败垂成。

喜欢在宽阔之地谈事情的人

比如说广场、楼顶等地，这样就不用担心隔墙有耳，给自己带来什么麻烦。这类人处世心胸开阔、乐观直爽，但同时也有怯弱的一面。这类人以男人居多，他们志向远大，有长远的目标，做事沉稳。同时，他们善于掩饰自己的真情实感，一旦有人走进其内心，就会倍加珍惜。

了解了这些，假如再有人约你在某地谈事情，就可以事先了解他的为人和处世方式，做好应对他的准备了。

客套话中见真意

在小品《实诚人》里，郭冬临演了一个"实诚人"，因为分不清客套话，弄不明白主人的真实意图，让主人十分为难。其实，在现实生活中，这样的人也很常见。中国人比较爱面子，见面也善于讲客套话。比如，见面问"你吃了吗？"其实不是真的想请你吃饭，而是一种打招呼的客套用语。很多外国人搞不清这些，闹出了许多笑话。

所以，我们一定要善于从客套话中辨别对方的真实用意，做事才能得体大方。

一般来说，人们说客套话大致分为这样几类：

情形所迫型

某天，甲到乙家去做客，正赶上乙一家人在吃饭，于是，乙客气地邀请他："吃饭了吗？要是没吃一起吃点吧。"甲刚好没吃晚饭，于是就真的不客气了。但是，女主人却露出了为难的表情，因为做的面条根本不够再加一个人吃。

甲显然没听懂乙的真意，乙只是碍于面子，随口问候，并不是真的想请他吃饭。若是乙真的想要请他一起吃，就起身拿碗筷去了，不会只坐着动动嘴巴。所谓听其言，观其行，若是对方邀请你，一定要先看看他怎么做，不然就会出现尴尬了。

熟人之间说客套话

一般来说，当我们和一个人非常熟悉时，不会说太多的客套话，否则就显得疏远了。若是突然有一个很熟悉的人，对你客气起来，那可能是他对你产生不满，故意疏远你，这时候，你就要反思一下自己的言行，是不是哪里做得不妥当得罪了对方，要及时修复关系了。若是爱人之间，则很有可能对方做了对不起你的事情，心里过意不去，才会说很多客气话讨好你，你就该注意，想办法弄清楚真相。

客套话说太多，可能有求于你

在与人交往时，一个人若对他人有所求，其言语里的客套话肯定少不了。

钱主任家来了一位"客人"——同公司的小金，还拿着不少贵重的礼物。钱主任问他啥事儿啊，小金回答："没啥事儿，这不是过节了嘛，过来看看领导也是应该的。领导平日里很忙，太辛苦了，公司里大大小小的事儿，操心的地方可真多啊。"钱主任当然不会那么傻，说："我不是什么大领导，没你说得那么忙。你是不是快要转正了？"被点破后，小金才不好意思地点点头，说想请钱主任帮个忙。

当别人的客气话说得太过火，给人一种假惺惺的感觉时，就说明他一定有求于你。先不要急着表态，耐心等待他说入正题即可。

客套话还是要说

"人告知以有过则喜"，并不是每个人都有这样的肚量。现实生活中，有些人会一再强调不喜欢客套，愿意听真话，但假如你真的这么做了，他心里一定不太高兴。所以保持良好的社交，一定要适度说些客套话，更要从他人的客套话中，分辨出其真实用意，投其所好，才能获得其好感。

言辞太恭有戒心

小欣应聘到一家连锁零售企业，被分配到某个店做收银员。第一天，她到店里报到，店长热情地接待了她，为了表示对店长的尊敬，小欣不断地朝店长鞠躬，而且无论店长说什么，她都附和"是的""好的""没问题"。结果，第二天上班，新同事都指指点点地笑："她就是拼命鞠躬的那个吧？以为自己是日本人呢。"而且，昨天还很热情的店长今天也对她爱搭不理。小欣觉得受到了侮辱，上班第二天就借故走人了。

其实，跟小欣相似的人很多。这些人与人交往时，一般总是低声下气，始终用恭敬的语言、赞美的口气说话。初次交往，对方也许会觉得不好意思，但可能不会对他们生厌。但是，随着日渐熟悉，对方会逐渐觉得"这个家伙原来是个口是心非、表面恭敬的人"，从而以为你对他的恭敬实则是羞辱，并因此气恼不已。这就不难解释，为什么店长前后态度不一致了。

其实，太多使用恭敬语的人，很可能因为小时候受到过于严厉的教育，尤其在礼节方面。所以在一般人看来很正常的欲望，却不为他们的良心所许可，导致他们产生恐惧不安的心理，对人产生戒心。随着这种欲望和戒心越积越多，总有一天会形成强大的攻击力发泄出来。为了掩盖这一点，这类人只能启用反作用的心理防卫机制——对人越来越恭敬，从而形成恶性循环。

这就是说，言辞过于恭敬的人，其实不是在对你表示尊重。相反，可能是对你有戒心，恭敬的言辞只是他的一种掩饰。比方说，一个女人对男人说话时，若过多使用敬语，一定是在暗示："我对你一点意思也没有，最好离我远点。"根本就是不愿意与其继续交往下去。

所以假如熟人中有人突然用敬语对你说话，就一定要反思一下，你们之间是不是有什么误会或者障碍产生了？

言辞过于恭敬的人，人缘一般不怎么好。因为，这种恭敬，很容易让人感觉到戒心，并由此产生不悦。比如，同事帮忙带了份饭，有的人会觉得欠了多大人情，不停地说"谢谢"，而且还表示下次一定会帮他带。本来一件小事情，弄成了人情债，即便是无心的，别人也一定会想："他是不是不想和我交往啊？"继而产生不快，也不会再愿意继续跟你交往。

实际上，对无关紧要，或者特别熟悉的人，我们根本没必要使用敬语。敬语显示出人际关系的亲疏、身份、势力，一旦使用不当或错误，便扰乱了应有的彼此关系，还不如随和一点，更容易跟人打成一片。

5

Chapter 5

透析笑容微反应

笑容背后有虚伪

笑容和音乐是世界上两种通用的语言。两个不同国家的人相遇，你露出一个微笑，对方也会回你一个笑脸。尽管没有语言的沟通，但是笑容足以传递一种正面的信息。当然，所有的事物都会有着截然相反的两面。音乐有让人振作愉悦的，也有令人痛苦悲伤的；笑容也包含着不同的意义，并非所有的笑容都让我们心头一暖。很多时候，笑容背后隐藏着极其复杂的意味。

不管是快乐的笑容还是苦涩的笑容，这些最起码是人们真实情绪的体现，而真正让人厌恶的，是虚伪的假笑——由面部肌肉拉扯出的动作。假笑的背后往往是阴暗的心理。相爱的人不会对彼此假笑；真心的朋友之间不会用假笑相互敷衍；工作中的同事假如面露假笑，往往令我们难堪又不快。

人际交往和社会生活中，我们必须懂得一些笑容的含义，清晰辨别发自内心的笑容和僵硬的假笑。

假笑是什么？情报机构有个形象的比喻，他们以为假笑就是一副面具，用来掩饰内心真正的想法。明明是一个枯燥无聊的笑话，偏偏挤出一个笑脸；其实心中根本不认同一件事，但脸上却堆出一个笑容。假笑不一定是善意的谎言，也不全是为了掩饰痛苦或者强颜欢笑。假笑有时是一种赤裸裸的欺骗，它存在的目的是为了误导他人相信自己的情绪，有着明显的欺骗性质。

从面部动作来讲，假笑是一种有意而为之的动作。我们常说眉开眼笑，这说明笑容的产生往往会带动眼部的配合，但是假笑不会。这种伪装的笑容是人们刻意收缩脸部肌肉，提高嘴角做出的假象。由于我们的眼部肌肉并不受人为的控制，假如没有真实情绪，我们是无法主动调动眼部肌肉的，所以在假笑时我们的眼部肌肉不会收缩。假笑其实很容易看穿，因为假笑往往都很僵硬，和脸部的其他线条有着明显的不协调感。

比如，明明难吃得要死的食物，但对方却提示你很好吃，并且摆出一张"美味"的笑脸。这时，假如你没能分辨出对方的假笑，那么你就要中招了。不过，好在这种情况只是一种恶作剧或者为了照顾你的感受，也算是无伤大雅。

从这里，我们就可以看出假笑的作用了。情报机构以为，人类在对某些不确定的事物进行尝试之前，本能地会询问一下尝试过的人，希望可以借助对方的经验来给自己一些信心或勇气。在询问求证时，我们内心一般是比较不确定的，不管对方给出的答案是否准确，本能地都会有些怀疑或者不太信任。这时，对方需要做出一些行为来给我们鼓励，或者说促使我们相信这件事，所以"一个肯定的笑容"和"一个鼓励的笑容"成了大杀器。往往不用太多的语言去解释说明，一个简单的笑容就可以给我们吃下一颗定心丸。

假如一件事其实很危险，某个人不想自己去做，但是这件事又必须完成，这时，或许他会选择让别人去完成这件事，自己坐享其成。这种行为在某种意义上有唆使的成分在内。怎样让别人去着手完成呢？当然要先提示对方事情的重要性，并且编造一些自己无法完成的理由。只有这些还不够，他还需要让对方放心接受，不能产生一丝疑问或者犹豫。这种时候一般他不会说太多话，言多必失，而笑容在这种情况下就显得尤为重要了。

作为一种通用的语言，笑容给人的第一感觉是安心的、可以放心的。人有时候对于言语会有很多疑虑，但是面对笑容却显得有些盲目。所以假笑在这里的意义就相当于一个甜蜜的陷阱，不知不觉地让人落入圈套。

真实的笑容是无意识的动作，不受我们意识的控制。当我们因为某些事物觉得心情愉悦时，我们大脑中负责情绪控制的区域会自主地接收到相应的信号。这种信号会让我们的心情变得愉快，促使嘴角收缩，面部肌肉会有动作，同时眼部肌肉也会跟着发生一些变化。

假笑怎样分辨呢？除了观察眼部肌肉和细纹之外，情报机构还发现了一些特点，这些特点会帮助我们准确有效地甄别发自内心的笑和虚伪的假笑。

首先，人为堆砌出来的笑容，面部表情是无法对称的，这就是我们常说的脸部僵硬。我们刻意地运动一些本不该动的肌肉，会使脸部出现一种极度不协调的情况。我们可以自己对着镜子试一试，假笑时，你可能会觉得自己特别难看，这就是不自然的表情。

其次，假笑时眼轮匝肌没有参与，也就是配合笑容的眼部肌肉没有运动。真实地发笑时，眉角会下拉，上下眼睑分别向下压，并且由颧大肌提拉我们的面部肌肤，这也是鱼尾纹产生的原因。很显然，假笑产生不了这些效果，就算你很刻意地想要让眼部有所动作，眉毛也不会顺从的。所以通过眉毛是否伴随笑容变化来判断，也是我们分辨假笑的一种手段。

最后，笑容的产生和结束是一个自然的过程。初始受到刺激，开始发笑时，情绪应该处在最愉悦的状态下，然后逐渐减弱，笑容也会随着内心情绪的变化逐渐消失。而假笑没有情绪的合作，只是单纯地人为挤出笑容来，来得突然，走得也干脆。

　　有一点需要我们注意的是，学习观察细微的动作反应，是为了让我们从多方面获取信息，更加清晰全面地规划自己的路。除非未来你也成为执法人员，否则最好不要当着别人的面拆穿对方。

　　凡事无绝对，假笑也不全然包藏着祸心，很可能对方是出于无奈或一些其他情况。比如身处危险之中的人，为了不触发暗中的危险，只好虚与委蛇，用假笑迷惑对方。这种时候贸然拆穿别人，就很可能因为你的冒失而导致别人受到一些损失。

　　有时候，看破不说破即可，既是保护自己，也是保护别人。

浅笑蕴含的人生智慧

笑容是非常复杂的，笑容并不一定开心。浅浅的笑容当中，所包含的情绪和意义在不同的人眼中有着不一样的理解。假如说假笑是一张面具，那么，浅笑则是一种情绪符号，为了便于理解，这里我们把微笑全部说成浅笑，这样在脑中会有比较形象的画面出现。

每个人来到这个世界上，所学会的第一个技能往往是哭。在逐渐适应了新环境之后，新生儿会通过眼睛去观察这个陌生的世界，同时学会第二个技能：笑。大人们似乎都很喜欢逗婴儿笑，普遍觉得婴儿笑起来才好，会笑的孩子聪明。其实这和聪不聪明没什么关系，只是与生俱来的一些本能罢了。早期人们一直以为婴儿的笑容是无意识的，而实际上，成长期的婴儿是有感知能力的。婴儿知道用啼哭来表达不适，用笑容去表达舒适，这应该是人类最早使用自身技能的体现。

随着时间的流逝，婴儿逐渐成长起来，掌握了说话、行走等等技能，从只会哭笑到有了更多的认知能力和表达能力，学会用不同的方式来表达自己的感受。这时候的笑容不再像刚出生时那么纯粹，而是包含着各种不同信息。这些笑容所蕴含的意义与情境息息相关，每个人都会以自己的方式释放出类似的笑容，所以笑容逐渐从情绪感觉的表达，演变成了一种符号。

对于情报机构来讲，微笑也好，大笑也罢，统统都视为另一种语言密码，是探查案情和挖掘真相时，可以用来解读内心世界的工具。人类在成长的过程中，通过对周围事物的认知，会在潜意识里留下一些印记，每当我们再次面对相同的事物时，会自然而然地流露出一样的表情动作。

情报机构探员们在探查案情时需要接触不同的人，所观察到的面部动作多种多样。通过长期的分析比较，他们得出了一些结论，比如大多数人在笑时会露出牙齿，代表这种笑容基本是善意的，没有危险信号。假如一个人仅仅是一边的嘴角紧绷，并且微微上扬，这种笑容是极具轻蔑的，不友善的。嫌疑人假如在审讯中露出这种笑容，那代表着他有信心逃脱法律的制裁，因为他不担心审讯会给他带来影响。

由此，情报机构探员们可以判断案情的调查一定在某一环节上有一些纰漏，或者此人背后或许有着比当前案件更加复杂的内幕。当然，假如是在证据齐全的情况下，这种蔑视的笑仅仅是其对司法的不屑，可以看出疑犯是极具危险性的。因为他藐视法律，这代表着他眼中没有正确的是非观，行事可能只是由自己的喜好和心情而定，所以纵然酿出祸端，也不会觉得后悔。对于这类人，情报机构在递交卷宗时，一般会建议加重刑罚，或者给予一定的心理干预。

假如眉头有小幅度的提升，嘴角有轻微上扬，并且伴随着瞳孔放大，这种笑容一般出现在受害者或者目击证人的脸上。在情报机构进行案件调查时，常常需要受害人或者目击者回忆当时的案发场景，而大多数凶案现场会让人觉得恐惧、害怕，所以才会无奈地苦笑。因为苦笑代表着沮丧和痛苦，只有回想起一些不愿承受的事情时，人们才会露出这种表情。

假如审讯对象是犯罪嫌疑人，对方一直在负隅顽抗，拒不认罪，情报机构会以特殊的方式复原案发的场景，通过嫌疑人的某些细微变化来确认一些细节，并且锁定案犯。而苦笑的出现则意味着疑犯的心理防线出现了松动，代表招供认罪的概率比较大。这个时候，情报机构会顺着嫌犯的话往下说，引导嫌犯说出一些背后的隐情和故事，从而顺利破案。

面对一些当下难以逾越的困难和不堪回首的往事时，普通人也时常会露出这种笑容，可能是生活的艰辛、工作的压力、家庭的纷扰、健康的危机等。

洛杉矶警方曾经破获过一起凶杀案，凶手被抓捕之后拒不认罪，表现得十分强硬，和审讯人员僵持许久。后来情报机构通过对疑犯背景的调查，得知嫌疑人有一个正在上学的孩子。于是，情报机构探员们以亲情为突破口，对嫌疑人苦口婆心地进行了一番开导。几个小时后，嫌疑人露出一丝苦笑，说想要喝杯咖啡。情报机构探员们见状大喜，他们明白，这意味着疑犯接受了自己被捕的事实，同时也代表他承认了这件事情，并且打算认罪。果然，之后的审讯一帆风顺，嫌疑人没有再抵抗，也没有狡辩，冷静地交代了前因后果，带着警方指认了犯罪现场。

作为表达情绪的方式，笑容有时也是具有攻击性的。人在极度愤怒时，也会因为刻意的抑制导致笑容出现，就是我们有时会说到的"怒极反笑"。这种怒笑出现时往往伴随着一些肢体的行动。在怒笑的过程中，或者怒笑之后，当事人很可能会做出攻击性的举动。

在情报机构探案的过程中，怒笑的出现还是比较少的。嫌疑人沉默的情况比较多，痛哭流涕的也有，但是很少见到因为犯罪被捕而愤怒发笑的人。除非是被冤枉的人，在百口莫辩的情况下，往往怒极反笑，在愤怒之下做出一些不理智的行为。

　　要说最意味深长的笑容，应该是来自达·芬奇的名画——《蒙娜丽莎》。几百年来，无数学者专家埋头研究论证，试图解释那神秘莫测的笑容背后所蕴含的深刻意义。可惜，所有的解释似乎都有些牵强，毕竟，作者已经去世，旁人的看法终究无法得到验证。

　　上述几种笑容具有一些明显的特征，我们每个人在生活工作中基本都会遇到，所以观察分辨起来不会有太大的难度。情报机构的职责是探查案情，我们的目的是更好地生活，通过观察眼睛，我们可以窥探别人的心理活动；通过不同的笑容，我们也可以得知笑容背后所隐藏的意味。

藏在复杂表情中的情绪

人类的五官灵巧而默契，根据我们所处环境和当下心情来做出各种表情，表达喜怒哀乐。对于情感的表达，语言和文字从来都不够，在很多情况下，内心的感受很难通过言语传递，但是，五官却会根据我们真实的情绪做出相应的反应。这种无声的语言，作为一种特殊的沟通手段，在人际交往中起着重要的作用。

生活中有很多这样的例子。当你在情场失意、考场失利的双重打击之下心灰意冷，郁郁不得志时，你跟朋友倾诉，说你多么痛苦多么无助，对方只能根据你的讲述来给你一些安慰和鼓励，并不能感受到你的情绪。表情则大不一样。有时候，你一言不发地坐在角落里，有心人会主动过来问你，心情不好吗？是不是有不顺心的事儿？

由此可见，面部表情在传递内心情感这方面起着重要的作用。对于情报机构探员们而言，表情无疑也是他们探案时的法宝利器。探员们表示，不管多么顽固的罪犯，总会被细微的表情出卖。通过对面部表情的留意观察，往往可以将对方的内心世界看得一清二楚。

犯罪心理学专家提示我们，人们往往因为习惯了语言交流而忽略了表情所传达的意思。在震惊世界的"9·11"恐怖袭击事件之后，情报机构探员们在调查案情时，观看了事件发生前的机场录像。监控录像完整地记录了恐怖分子们过安检时的画面，但是，负责安检的人员只是简单进行了金属物探测，并没有注意到恐怖分子们脸上的表情。从录像画面中可以清楚地看到，他们的表情和普通乘客是不一样的。试想一下，假如机场车站的安检人员都能够接受一些相应的训练，很多悲剧或许就不会发生。情报机构探员们在审讯的过程中，犯罪分子表情的变化会帮助他们进行准确的判断，进而了解到犯罪分子的性格以及心理，这些信息在确认犯罪动机时非常重要。

有人可能会觉得有些小题大做，他们以为表情显而易见，成年人都可以通过表情动作来判断对方的情绪，比如嘴角上扬是笑，下垂是沮丧，怒目而视代表愤怒，瞪眼张嘴代表惊恐。对此我只能说，这些人仅仅会辨认表情而已，距离通过表情动作读懂内心，还有很长的路要走，就如同幼儿认识阿拉伯数字，这不代表他们可以计算数学题目。

你是否想过，那些你以为天天见到的表情，蕴含的意味可能并非你心中所想的那样，不同的生活环境，不一样的文化水平，甚至不同的种族、年龄、性别……这些因素会导致很多看似相同的表情包含着不一样的意思。

我们知道笑脸代表开心，哭脸表示难过，那你知道哭笑同时出现意味着什么？情报机构探员们会把面部动作当成读取人心的工具，是因为通过表情动作了解内心所想不是一件简单的事，尤其是当很多种表情同时出现在一张脸上。

表情动作的出现只是瞬息之间，经过严格而复杂的训练，情报机构探员们才能通过转瞬即逝的面部语言捕捉到对方内心所闪过的想法。好在这是一本面向大众的书，这里不会提及过于难懂的内容。我们在文中所讲到的，基本都是可以快速掌握，并且应用在生活和工作中的技能。

人与人在结识之初往往互相不了解，所以在相处沟通等方面，难免会有一些困难。每个人都喜欢和性格相仿的人做朋友，因为这样彼此在习惯上都会有相似的地方。那么，是否可以通过面部表情来判断一个人的性格呢？情报机构告诉你，可以。

人们总说："爱笑的孩子运气都不会太差。"运气好坏不敢确定，不过经常把笑容挂在脸上的人，多半都是热情开朗，比较好相处的。相比那些满脸寒霜的人，这样的人总是更容易亲近。而大部分时间表情平静，没有太多波动的人，基本上都比较喜欢安静独处。就算置身于热闹喧嚣的场合，他也不会受到影响，依旧做着自己的事情。有的人可能性格比较沉闷，不爱与人交谈；有的则是内心强大，可以抗拒外界干扰。

经常喜欢皱着眉头的人，多多少少都比较消极，负能量比较多，喜欢抱怨社会不公平，爱批判社会和他人，对生活觉得无趣，不管遇到什么事，总是习惯往坏的一方面去想。为什么说皱眉头老得快，就是因为情绪一直处在负面状态，间接影响到身体的内部功能。哪些人可以和这种负能量达人做朋友呢？那就是同样喜欢否定的傲慢不屑派人物。这些人最常见的表情动作就是撇嘴，吃到不满意的食物会撇嘴，看到大街上发生什么事也会撇嘴，极度以自我为中心，膨胀且自大，对于外界信息和评价往往不屑一顾，固执地活在自己的世界里。

情报机构在探查案件时，面对不同类型的人，也会采取不一样的交谈方式，这样大大避免了被拒绝或者是遭到抵触的情况。但是，接受谈话只是第一步，分辨谈话内容的真伪，甄别对方提供信息的可信度才是重中之重。面对无关紧要的事情，人们可能习惯性地夸大或隐去，总是不能坦诚地说出内心所想。这种情况会给罪案调查带来阻碍与困扰。口供、证词这些信息务必要做到真实有效，假如都模棱两可、真真假假，案情的深入只会寸步难行。

不过，既然有这种难题，情报机构探员们自然也有应对难题的方法。而表情动作恰恰就是检验谈话内容是否真实的辅助工具。与前两书我们讲过怎样看穿假笑的面具的方法相似，生理性的行为一般都是由潜意识支配的，大脑进行分析后传递出情绪信号，然后面部肌肉自然地产生各种反应，从而出现表情动作。

有两种人，一种是很会说谎的人，另一种是不会说谎的人。很会说谎的人习惯于处理各种信息，添油加醋或者避重就轻，有时是恶作剧开玩笑，有时是为了逃避责任；不会说谎的人会对将要说出的谎言感到恐惧、紧张。这两种人一般是怎样被人识破的呢？

第一种，没有完美的谎言。你可以把事情讲述得很完整，听着感觉有头有尾，没有纰漏，但是表情动作是无法伪造的，不同的话语代表着不同的画面，在讲述各种画面时，对于大脑来说其实是画面的重播。经历过的或者说真实的场景会让我们产生各种情绪，从而传递出情感信息，在脸上做出相应的表情；可是没有经历过的，或者和真相背道而驰的谎言是编造的，脑海中没有经历的画面，大脑就无法传递出相应的情绪信号，脸上自然会缺失一些表情，最终会被细心的人一眼看破。

第二种，紧张、恐惧、胆怯，这些情绪会下意识地显现出来，与你所说的内容不搭界。而你所说的谎言中该有的表情也不会出现，于是，谎言告破。

当然，凡事不能一概而论，世界上没有一模一样的两个人，每个人对事物的认知都不同，所以各种表情动作总会存在着一些差异，表达的意思也相去甚远。要想更加准确地通过表情去判断心理，必须事先了解一些常见的不同和差异，比如性别和文化背景等等。

在中国，大拇指向上代表称赞夸奖，而在澳大利亚，竖拇指却是非常粗野的动作；国外的男人看到美女时可以眨眼示意，表示欣赏，女方会以笑容回应，但在国内这种轻佻的眨眼只能给人留下不好的印象。

对于不同的性别来说，大有不同。小孩子在成长的过程中，会随着年龄的变化逐渐有了性别角色意识，同时表情也开始认识到男女有别。在固有的传统思想下，男孩子一般会被教育要坚强，做个男子汉，所以像哭泣、羞涩这一类有损爷儿们气概的表情就会逐渐减少；而女孩子天生拥有撒娇哭泣的权利，不管年龄怎样变化，这些技能总是如影随形，所以这些表情出现得更频繁一些。

就算是性格相似的一男一女，在相同的动作表情下，隐含的意向也是有差异的。而性格又是造成表情语言差异的一个因素，不同性格的人面对问题有着不一样的思考和认知，所以透露在表情上就有着截然不同的差别。性格开朗的人突遭惊吓可能会吓一跳，但很快就会好转，就算受到惊吓，也不会太过影响情绪；而性格怯懦的人可能会因为惊吓而崩溃，出现很多让人容易过度解释的表情。

每个人都可以练就捕捉表情含义的本事，这些技能本身就是人类应该掌握的。察言观色，自古有之。

嘴唇嚅动透出的信息

自古以来，人们就有通过人的面相，或者是某些肢体的形状、动作来判断一个人品行的习惯。尽管很多说法在如今看来毫无根据，我们一笑而过便是。

嘴唇作为五官之一，作用自然非比寻常。我们人类用语言交谈沟通，嘴唇功不可没。尽管背后还有一套发声系统和口腔在协同作战，但嘴唇处在最前线，吃饭呕吐，进进出出，微笑、嘟嘴、亲吻等都要用到它，所以嘴唇也算是厥功至伟。

但是，嘴唇的作用不止于此，这两片肌肉除了兼具以上功能之外，它还隐秘地与我们的内心情感有着一些联系。和眼睛眉毛一样，嘴唇也可以悄悄地传递出一些信息。换句话说，多留意观察他人嘴唇的动作，也能让你掌握到很多别人未曾开口言说的信息。

情报机构探员们在办案过程中，碰到的大部分人都不喜欢开口说话！他们统一采取一种沉默的对抗姿态，试图装哑巴来逃避法律的制裁。

所以情报机构探员们不得不修炼出各种本领来对付他们，解读嘴唇语言，自然也是其中之一。

我们在前几节说过，我们说出来的话往往很难分辨真假。这种时候，为了辨别真伪，了解事实真相，我们需要借助其他途径来进行分析对比。嘴唇恰巧有资格入围。

比如，我们在第一节说到的假笑，其实假笑这个动作，大多数是由嘴唇来完成表演的。假笑分为开口笑和闭口笑，闭口笑也就是抿嘴笑。

从生理学上来讲，抿着嘴唇的笑容是人们通过牵扯嘴唇肌肉，使之向两侧扩张，但是幅度又不会特别大，有种矜持的感觉，既克制，又内敛，经常让人摸不着头脑。

而除了这种抿嘴浅笑之外，嘴唇还可以做出各种各样的动作。假如有人体器官动作大赛的话，嘴唇绝对是冠军。它可以"�“，同时还能"咧"；既可以"张"也可以"合"，比如"嘟嘴"；懒人常用的招式是"努"，用它代替手指头，而且上下轻轻做动作，还能表示喜欢与讨厌。

所以嘴唇这两片看似简单的肌肉，实际上有着无与伦比的特技。对于嘴唇来说，"无声胜有声"是最好的诠释。

我们可以通过一些常见的嘴唇动作解读当事人的意思，但还有一些动作尽管我们常见，却无法准确理解其含义，有时会造成一些不便或者尴尬。对于情报机构探员们来讲，他们必须懂得嘴唇每一个细微动作所蕴含的无声语言。

比如挤压嘴唇，类似撇嘴，不过比撇嘴的力度要大些。情报机构指出，挤压嘴唇这种动作意味着当事人处于一种忧虑和压力之下，嘴唇被大力挤压，甚至抿着向内缩回时，嘴角一般都会微微下垂。

这时人的状态是处于低谷时期的。无论是情绪还是自信或者其他心理感受，基本都是沉沦至谷底。一些负面情绪开始迅速滋生蔓延，然后占领高地。

一些法制节目里经常有开庭审讯的镜头。镜头里的犯罪嫌疑人在陈述案情或者听双方律师辩论时，总会出现挤压嘴唇的动作，也就是把嘴唇抿回去，隐藏起来。有的人可能觉得，这个表情有些悔恨的意思，其实不全是，因为在这种情况下，犯罪嫌疑人普遍很紧张，而紧张才是导致挤压嘴唇的原因。

情报机构在与众多犯罪分子斗争过后总结出一些结论。像挤压嘴唇这个小动作，从心理学层面来说，这是一种抗拒的动作。

紧紧地抿住嘴唇，下意识地表现出心底那种排斥抗拒的心理，这是一种拒绝的表达，同时也是拒绝听取的情绪。做这种动作的人，除了嘴唇发干以外，基本上都是碰到了一些麻烦事儿。当然了，我们在弄懂这个动作的含义以后肯定想问，那假如有人就是故意抿嘴唇呢？

我只能说，情报机构探员们之所以要观察分析，是因为要破案。我们没必要死死盯着它，假如你觉得对方会故意这样做，隐藏着一些欺骗的行为，那你可以转而观察那些无法伪装的动作。

还有一种容易引起混淆的嘴唇动作，专业点讲叫作"嘴唇缩拢"。字面理解的话，就是把嘴唇缩起来然后拢起。

嘴唇缩拢这个动作代表的意义一般是反对，持不同意见，或者是争论协调以后，决定否决自己原先的想法，也就是说打算反悔时，就会出现这个动作。

其实，只要我们平时留意就会发现，这个动作时有发生。你试着回想一下，我们在和朋友聊天的过程中，假如对方表达的观点看法与你相左，但出于朋友关系，你不能直接打断和反驳，可能要听完再做决断。但是，你在前期已经不赞同的情况下，越往后听，你就会越反对，而这时候，你的嘴唇往往就会做出一个缩拢的动作。

这样的嘴唇语言，最明显的例子就是法庭上双方律师唇枪舌剑时。被告律师假如辩护得过于牵强，或者罔顾事实信口开河，这时原告律师就会缩拢嘴唇，赤裸裸地表达自己不同意。或者情报机构探员们带回一个嫌疑人进行讯问，但是嫌疑人频频做出这种动作，这时候情报机构探员们会意识到，要么抓错人了，要么掌握的资料可能不正确。

情报机构探员们在调查一些商业金融案件时，遇到这种动作的概率更大。在商务领域，因为合同内容的条款、双方沟通的价位、材料货物的质量等，随时都可能引起某一方的反对。

甚至我们在看一些选秀节目或者比赛节目时，当主持人宣布最后的冠军不是你心中支持的那一位之后，你的嘴唇也会下意识地缩拢。

与缩拢嘴唇比较相似的是咬嘴唇。我们平时常见的，或者印象中的咬嘴唇大多出现在楚楚可怜的姑娘身上。一般前一秒咬着嘴唇，后一秒便泪水决堤，所以很多人会以为咬嘴唇是悲伤情绪的体现。其实不然，这个动作包含着一个"咬"字，它主要表达的意思是——愤怒！

这里所说的咬嘴唇一概是咬着下嘴唇，假如你看见咬着上嘴唇的，不用理会，他一定闲得无聊。咬着下嘴唇很好理解，这种动作代表着人在压抑愤怒，克制愤怒。

假如咬嘴唇的同时，眼神也出现一些变化，那么愤怒会升级为怨恨。这也是一种表达敌意的动作，但是和其他挑衅相比，它更加安全。

当我们因为自己疏忽而导致一些重大错误时，都会下意识地去咬嘴唇，像是要忍着哭泣的冲动。实际上，这一咬克制的是怒火，不让愤怒爆发，同时用"咬"带来的疼痛惩罚、提醒自己。情报机构探员们查案时，有一些犯罪嫌疑人经常出现这种动作表情，这就是他们对即将面临的法律制裁表达的愤怒。

咬嘴唇需要牙齿的配合，还有一种嘴唇语言需要舌头的配合：舔嘴唇。

我们在看到"舔嘴唇"三个字时，第一反应基本应该是"馋"吧？这个想法没错，但舔嘴唇所隐藏的意思比较多。

人在紧张的状态下，嘴唇会发干，喉咙也会干渴，这是一种心虚的表现，不会说谎的人经常有这种反应出现。而嘴唇发干时我们会不自觉地伸出舌头舔舔，用唾液去滋润一下。假如我们晚上喝了大量的酒，一觉睡醒之后嘴皮会特别干燥，这时候我们会不由自主地把上下嘴唇舔个遍，直到它们湿润。

情报机构探员们还可以通过嘴唇的形状来判断一个人的性格怎样。比如经常喜欢抿嘴，但不会像前面说的那样隐藏起来，而是把嘴唇抿成"一"字形的人，这类人一般意志比较坚定、性格坚毅，不容易被外力左右，主观意识很强。假如是在审讯的过程中碰到这种人，情报机构探员们也会觉得头痛，因为这个嘴唇动作代表着拒绝。

性格坚毅的人表示拒绝，那意味着，情报机构探员们从他口中得不到任何有价值的信息。所以，这个动作也可以成为判断某个人是否意志坚定的依据。假如你的一个胖子朋友提示你，他要减肥，表达决心时他把两片嘴唇抿成一条线，那你就为他加油打气吧，一个崭新的瘦子即将闪亮登场。

综上所述，嘴唇作为用途奇多的一个器官，为我们提供了大量有价值的资源。嘴唇直接受命于大脑，所有的无意识反应都是由大脑传递情绪之后做出来的。不发声讲话，我们依旧可以读出很多的内容，格外留心就是了。

上下两片嘴唇，动作间蕴含的意义却各不相同。熟练掌握不同动作代表的不同意思，当我们掌握的方法越来越多后，选择的余地同样也会增加，每条路都可以通向最后的目的地，就算一条堵住，你还有另一条，这就是优势。

鼻子会暴露身体的秘密

中医可以通过鼻子，看出我们身体的健康状况。可能我们自己并不会觉得身体哪里不适，但是鼻子会暴露你身体的秘密。

中医有望、闻、问、切的套路，情报机构探员们也有观察分析的法子。对于这个位于我们脸中央的器官，两个行业的精英都可以读取到一些重要信息。就身体器官而言，鼻子作为重要的呼吸系统，其重要性自然不言而喻。不过，我们平时似乎很少将注意力放在鼻子上，因为鼻子不像眉眼和嘴唇，它很少"动"，或者说我们很难注意到它的动作。

其实，鼻子的表情确实少，好像除了鼻孔、鼻翼可以张合、扇动以外，没有其他可以活动的余地。少归少，但终归是有的，它也可以像其他几个五官兄弟一样，不声不响地给我们一些暗示。

情报机构在讲授面部动作语言时是这样评价鼻子的：鼻子传递信息的能力尽管不如眉眼，但它所能表达的信息却更加可信。或许就是因为它很少出现动作，所以一旦动起来，效果反而出奇地好。鼻子比较常见的动作是"皱"，皱鼻子。不同的人做这个动作有不一样的效果。小朋友皱鼻子是可爱，成年人皱鼻子是厌恶。

我们一看到别人皱鼻子时，第一反应基本都是周围有什么难闻的气味。这种惯性思维与我们平时所处的环境和鼻子的日常功用脱不开干系。久而久之，皱鼻子这个动作也带有了一些抗拒、讨厌的意义。

　　我们不妨将视野放大至整张脸，你会发现，鼻子其实默默地配合了很多表情。情报机构探员们指出，假如把皱鼻子的动作放进一张严肃的面孔当中，那么这张脸就会表现出一副蔑视、讨厌的表情；假如摆放进一张抬起的脸中，那意思又变成了不屑和傲慢。"拿鼻孔看人""嗤之以鼻"这些词准确地印证了情报机构探员们的判断，也说明我们老祖宗更有先见之明，很早就知道鼻子所扮演的角色了。

　　不管是成年人还是小孩子，皱鼻子这个动作所表达的意思都是一样的。尽管小朋友做出来很可爱，但依旧无法改变所传达的不满的意思。小朋友什么时候会皱鼻子？饭菜不好吃时，没得到喜欢的玩具时，不愿听从家长的召唤时……

　　怎样观察别人的鼻子是否发生动作了呢？很简单，皱鼻子这个动作非常明显，只要鼻子两边出现明显的皱痕，这就说明此人在某个时刻对一些事物产生了不满。领导在开会时常做这个动作，情报机构探员们审讯嫌疑人时，嫌疑人也常做这个动作。

　　我们留意观察的好处是，可以及时发现"危险"，既然我们不确定对方因为什么觉得不满，那最好的选择就是停止正在说的或者是做的，观望一下。

　　其实仔细想想，鼻子也挺无辜的。因为它所处的位置太过显眼，所以在表达情绪时，它总是扮演冲锋陷阵的角色。比如刚才提到的傲慢、不可一世等表情，鼻子可以说厥功至伟。人们在表达傲慢时，首先都会有一个仰头的动作，仰起头颅，用鼻孔去看人。这类表情在西方国家屡见不鲜，一些明星政客在被媒体问及一些不愿回答的问题时，经常会倨傲地微微抬头，将鼻子抬高，用行动表示他拒绝回答，并且对于你的提问表示蔑视、不屑。

　　情报机构探员们对各类表情和人物性格的关系进行过分析，探员们以为，喜欢用鼻孔看人的家伙普遍有从骨子里带出来的傲气，这类人不好相处。他们不想和别人多接触，但是只要有接触的机会，又总是喜欢高人一等。所以假如你没有足够强大的气场，还是少和这类人打交道比较好。

　　鼻子能动的地方不多，除了皱起来，还可以完成一个扩张的动作，也就是鼻孔张大。

　　扩大的鼻孔代表着情绪高涨。当一个人的鼻孔突然张大时，说明他此时可能非常兴奋，或者是激动。就像牛要是红了眼睛想顶人时，鼻子会哧哧喷气一样，人有时候急眼准备打架或者吵架时，鼻孔也会明显扩张。当然了，情绪高涨不一定全是要打架，情侣之间情意绵绵时，鼻孔也会有扩张的动作，这时候的情绪高涨自然是爱意起了作用。所以当我们看到陌生人的鼻孔扩张时，先看一下周遭的环境，指不定突然就会打起来，要做好随时逃离现场的准备。假如对方是朋友，或是亲近的人，这个动作表示的就是另一番意思了。根据不同的环境做出应有的反应，这也是我们学习解读动作语言的目的之一。

　　除此之外，鼻子还有一种传递内心情绪的表现，但是这种表现因人而异，那就是鼻头出汗。除了天气过于炎热，或者是油性皮肤出油，鼻头冒汗珠都代表着这个人正处于极度的紧张焦虑或者恐慌的状态。或许是看到了什么，听到了什么，也可能是急于去做某件事，透露出时间的紧迫。

　　我们假如想要更多地去了解鼻子的语言，除了上述所提到的情况以外，还要去观察除此之外的一种情况。鼻子很多时候要配合其他一些动作才能传递出信息，比如有人喜欢摸鼻子，这表示紧张或尴尬。不善言辞的人在遇到一些突发状况，比如向喜欢的人表白时，脑海中经常会瞬间地空白，为了掩饰自己的紧张，他们会摸鼻子转移对方的注意力，给自己一些缓冲的时间。而捏鼻梁这个动作一般出现在工作狂或者一些技术人员的身上，这个动作意味着疲惫和困难。碰到一些难以解决的问题、无法攻克的难关或者连续加班好几夜、身体极度疲倦时，这都是捏鼻梁的原因。身边假如有朋友突然捏鼻梁，最好的应对方法是不要去打扰他。

动作语言是观察出来的，不要放过任何细节。很多重要内容都是从细微之处透露出来的，所以敏锐的洞察力是解读肢体语言的基础。

Chapter 6

透析读心微反应

满足需求说服人

对于我们每一个人来说，吃饭喝水睡觉排泄，缺一不可。缺少这里面的任何一项，都有可能陷入生理上的死亡。而除了生理上的需求之外，人们还有心理上的需求。当基本生理需求被满足时，我们就必须开始考虑心理上的满足了。

刘颖是一名高中教师，工作于一所重点高中。她从师范大学毕业后，就一直担任班主任的职务。然而让同事们啧啧称奇的是，从她带第一个班时，她的学生就表现得非常好，班级的学习成绩永远在年级的前几名，而那种令人头疼的差生，在刘颖的班级里竟然一个都找不到。

更令人不可思议的是，由于教师是一个很忙的职业，老师们的个人生活往往不太如意：要么父母病危没有时间照顾，要么年近四十找不到合适的恋爱对象，要么自己的孩子的成绩差得一塌糊涂。

可刘颖26岁时就拥有了十分美满的姻缘；几年后，孩子的启蒙教育也是由她来完成的，并且在她奶奶去世前，她每天下班后都会去医院陪伴。

有很多年轻老师非常不解，他们以为，做老师这个职业，几乎等于放弃了个人生活，而刘颖是怎么把这两方面都做得这么完美的？一个和刘颖关系比较好的年轻老师问出了这个问题。

刘颖："很简单，让你的学生们觉得你重视他们，这就足够了。"

年轻老师："我们是这样做了啊。"

刘颖："你们怎么做的？"

年轻老师："我会提示他们，我们班没有一个差生，我不会放弃任何一个人，任何问题都可以和我说，我也从不吼他们，等等。而且我也确实是这么做的，我经常会牺牲自己的时间给他们补课，常常很晚了还接到某个同学打来的电话，一聊就是半个小时。有的学生信任我，把父母吵架的事情告诉我，我也要出面调解……"

刘颖打断了年轻老师的诉苦："我说的是重视，不是关心，不是和蔼。确实老师需要关心学生，需要态度和蔼，但凡事应该有个度。你说的那些，他的父母恐怕也办不到吧。而且，你的这种关心，会让他们产生过度的依赖，并不利于他们性格的成长。"

"那应该怎么做？"

刘颖："很简单，我拿到学生的名单后，会第一时间把每个学生的姓名相貌和基本信息记牢。第一次见他们时，我可以直接叫出他们的名字。每次这样，我的学生一方面会觉得我很神奇，另一方面也会以为我很在乎他们——谁会记住不在乎的人的名字呢？"

年轻老师："只要这么做就行了？"

刘颖："还有其他的小细节，比如，我会在稍微熟悉后，询问他们经常看的电影或网站，他们的邮箱和博客地址。之后我也会实实在在地关注这些东西。"

年轻老师："就这些？"

刘颖："大概是这个方向，其他的事情你可以自己把握嘛。十六七岁的孩子，尽管说还是孩子，但基本的人格已经被塑造完毕。他们渴望成为风筝，有一根线牵着他们，让他们得知自己被关心，然后用自己的力量展翅高飞。他们并不想成为笼子里的鸟，有时候我们过度的关心会变成阻碍他们人格发展的笼子，所以多余的关心既占用了我们自己的时间，也阻碍了他们的发展。"

"道理我懂，但只要做到这些小事，就能得到他们的信任和尊敬吗？"

"是的。要知道这些都不是小事，相反，这些才是他们真正需要的。有时候很多老师说现在高中生不好搞，我倒觉得他们需要的很简单，信任、理解和关心而已，给他们就是了。"

其实，老师当得好不好跟我们的说服训练能力有很大关联。因为几乎所有的教师工作，综合起来可以概括成两件事：教授学生知识和引导学生成长。

我见过很多中学老师，为了学生们的成绩和成长日夜操劳。尽管我对此非常感动，但仍然要指出，这是在缘木求鱼。

为什么这样说呢？因为学习、成长这些事情，都是学生自己的事情，老师和家长谁也不能代替学生完成，更不能用自己的意愿强逼学生完成。他们能做的，其实只是引导，然后让学生自己为自己的梦想去努力。在这个过程中，老师只能充当说服者的角色，而他们能不能抓住学生的心理需求，是能否成功说服的关键。

推而广之，在类似的事情里，我看见很多人，不厌其烦地讲述着自己的道理，比如告诫孩子好好学习的家长，苦劝女孩不要早恋的闺密。这些人大都情真意切，其中有些人说话甚至很严谨很有道理。把这些人的话整理出来出版的话，甚至可以出一本书。

但是，他们在苦口婆心时，忘了一件事，对方这么做是有原因的，原因就是他的心理需求。每一项错误，都代表了一个必须被填补的心理需求，这并不是道理、逻辑能够解决的事情。

所以他们的失败，其实就是说服策略上的失败。

我们回到刘颖老师身上，就可以发现一个奇怪的问题：她做得比那些苦口婆心的老师、家长、朋友做的少得多，但就是能让学生"听话"。这是为什么呢？

其实很简单，她会提前思考学生们的心理需求，然后给予满足，而这种满足使得她的话变得不像其他老师那么教条。那么，学生的需要是什么呢？无非是被信任，被关心，被理解，大部分家长和老师的态度确实在潜意识里表现出监视、告诫、武断的态度，而这恰恰跟学生的需求是矛盾的。

所以从心理需求的角度来说，你的行为也好，语言也好，必须符合对方的心理需求，这样你的说服才会生效。

说服，借他人之口更有效

孙子曾经提出过一个观点：善战者无赫赫之功。意为，真正会打仗的人并没有看起来特别显赫的功绩。

这种观点，辩证地运用到说服他人的领域，其实也十分贴切。那就是，真正善于说服术的人，看起来并不经常劝说他人。

简莉是个很懂得怎样说服他人的女孩，她是个保险营销师。她开始加入这个行业时，有些在这个行业里摸爬滚打了几年的朋友劝她：不要加入这个行业了，现在人们戒心太重，总觉得一切推销都是骗子，我们保险这行也不例外。再好的保险产品，你就是把合同拍在他面前他都不会相信。

所以简莉在入行之前，就已经懂得了这一行难的地方：并不是难在多如牛毛的保险种类，因为一个好学的人用一个星期时间就可以把这些险种倒背如流；一个从业两个月的保险师，就可以对这些业务轻车熟路。这一行，难在怎样让你的客户相信你说的话。

从业之后，无法取信于客户这个难题，确实一直让她很头痛。简莉觉得不能一直处于这样的状态，于是，她改变了策略——找个搭档。

改变说服策略之后，第一次约见的客户是在一家咖啡厅的户外卡座里，地点是由客户选的，因为这样会让对方产生安全感。

对方是个有一定资产的单身妈妈，想给儿子买几种保险。但她对中国的保险市场有所怀疑，所以通过朋友找到了简莉，也是因为大家都是熟人希望不会被欺骗。

简莉熟练地推荐了几款很不错很适合她儿子的保险给她，但她从这位中年女性欲言又止的态度上就看出了对方的戒心。这时候，她只能等着自己的搭档出现。

谈话陷入僵局后不到一分钟，一个三十来岁看起来精明干练的职场女性走近了两人，试探性地问道："简莉？"

简莉抬起头，这位正是给她做搭档的同事。搭档走到简莉面前，做出一副惊喜的样子，说道："好久不见呀，简莉，你最近怎么样？"

简莉也表现出很惊喜的样子，说："是啊，王姐，你身体好点了吗？"

搭档："出院两个月了，现在已经开始恢复了，伤口没什么问题了。对了，你们公司赔给我的医药费已经打在我的账户上，但当时因为我动手术家人手忙脚乱，所以一直没有给你回执。"

简莉："没关系，那笔赔付只要你签收我就会知道的，一共四万多一点吧？"

搭档："是的，加上公司的医疗保险，这次手术等于一分钱没花。哎，这位是你客户吧？不打扰你了，我过来也是见一个朋友，咱改天见啊，王姐请你吃大餐。我知道一家很棒的西餐厅。"

"王姐"走后。留下的女客户看似满不在乎地指着王姐离去的方向，问道："这位是？"

简莉："我的第一个客户，半年前在我这里买了一份医疗保险，前段时间子宫肌瘤手术，索赔时还怕我们不认，所以家里人来我们公司时，把当年的保单啊什么的都带着了，其实带着身份证就可以了，呵呵。"

女客户听完，点了点头，问了一句："你把刚才介绍给我的险种再说一遍，好吗？我们再研究研究。"

这次女客户的态度客气了很多，看样子她放下戒心了。

最后，简莉成功地拿下了这位客户，为自己的当月销售额重重地添上了一笔。

其实，我们有很多跟简莉类似的情况，碍于我们的身份，或者对方的某种偏见，我们说的无法让对方相信，甚至我们根本不方便开口。可是，我们还是希望能够劝服对方，这时就有一个很实用的方法：让其他人帮助我们劝说。

我们可以设想一个情景：

你碍于某种限制，不能主动去推销自己的产品。要知道，在东方社会，"老王卖瓜，自卖自夸"是个人人都不喜欢的事情。而在工作单位里，假如不迅速让同事和领导知道你的优点、你的人际关系资源，或许就会因为发展缓慢而影响工作成绩。

怎样才能提高你的说服力呢？

不妨找一两个平日里喜欢说话的同事，请他们吃个饭，联络一下感情，这时候他们自然而然会帮你在职场里宣传你自己。所以说，一切碍于客观原因无法说出口的话，都可以借助他人完成。这正是这种说服术的优势。

也许很多人或许会对简莉的行为有疑问：简莉找王姐帮忙的行为，不是找"托儿"吗？

所谓"托儿"，现代汉语词典里的解释是：指从旁配合诱人受骗上当的人。

　　尽管简莉找的王姐是她的搭档，但两人并没有设骗局，而是把一些真实的信息转达给女客户，王姐的作用，只是让女客户更加相信简莉罢了。

　　所以在借他人之口说服时，大可不必在心里给自己施加道德负担。

让对方的拒绝变为接受

在生活中，拒绝是人类的本能之一。我们对不好的事物，对自己不喜欢的事物，可能对自己产生害处的事物，都会选择抗拒。所以很多人在劝说他人时，会因为遭到了对方拒绝而气馁，他们以为，反正对方拒绝了，那就肯定没戏了。

这就大错特错了！因为在当代社会，会因为上述理由而拒绝他人的，实在是少数，更多的是因为某些细节的理由。也就是说，对方的拒绝并非因为你说得不好、不对，而是出于某些原因，他无法按照你的话去做。

所以一个好的劝说者，必须在劝说他人时，抱着"正向应对"的心理，即对方肯定也是以为我的话是有道理的，只是某些细节方面需要调整，某些枝节问题需要妥协。抱着这样的态度，你就会发现，其实每个拒绝的后面，都有那么一两个"后门"，只要你抓住这个后门并走通，你就会成功地让对方的拒绝变为接受。

首先让我们以"世界上说服能力最强的人"——推销员，作为案例，研究一下让拒绝变为接受的秘诀。

我看过某电器卖场明星推销员的付费讲座，下面我把他的讲课内容稍做整理，呈献给大家。

我们向别人推销商品时，对方拒绝的原因，大概有以下几种：

（1）你的东西太贵了。

（2）你的东西我并不需要啊。

（3）我想再去别的地方看看。

（4）我再考虑考虑。

（5）你的商品有瑕疵。

这五点几乎可以囊括所有顾客拒绝的理由。很多销售员会因此而丧失继续推销的自信和耐心，就此放弃。"哦，是这样啊，那打扰您了""是啊，您说得也对。没关系，买卖不成仁义在嘛"——就这样，那些平庸的推销员，因为一次简简单单的拒绝而丢失了一个潜在客户。

而假如我指出他做得有错误，对方甚至会反问我们："人家都已经拒绝了，你还有什么办法呢？"

实际上对方拒绝你的每一句话，都有除此之外的意思，这一层意思才是对方要表达的真实意思。而只要摸清了这一层意思，我们还是很有可能使顾客的拒绝变成同意的。所以当我们遭到拒绝时，不要一味地放弃推销，而是要这么去设想：

（1）你的东西太贵了。

顾客的真实意思其实是：这东西确实不错，只是我身上的钱可能不太够。

（2）你的东西我并不需要啊。

顾客的真实意思其实是：我也知道你的商品还好，只是我似乎用不上。

（3）我想再去别的地方看看。

顾客的真实意思其实是：听你说来，这商品不错，但我想去其他商家看看是不是有更好的。

（4）我再考虑考虑。

顾客的真实意思其实是：我还有些顾虑，你能给我些新的优惠，帮助我决定买你的东西吗？

（5）你的商品有问题。

顾客的真实意思其实是：尽管整体上看还好，但似乎有些瑕疵。

所以当遭到顾客拒绝时，你必须这么去考虑问题：语言上的拒绝，并不能当成顾客真的拒绝，不能当成对你商品的负面评价，而是要摆出正面应对的心态，把对方的拒绝当成继续谈成这笔生意的可能。所以在遭到顾客拒绝时，我们不妨这样去回答。

（1）你的东西太贵了。

先生您可能不知道，这款电脑是刚刚上市的产品，各方面配置都是业内顶端的，所以才有这个价钱。假如您觉得一次性支付有疑虑的话，那么我可以给您开通分期付款通道。头期只要支付1/3，接下来的一年，相当于每天拿出来5元钱就好了。

（2）你的东西我并不需要啊。

这位女士，您是觉得这个电饭煲只能煮饭，体积又大吗？看您这么年轻，应该是自己一个人住，怕一次吃不完吧。其实呢，我们这个电饭煲功能很全面，甚至可以做爆米花和西点，效果比微波炉好很多，又安全省电。买了这个电饭煲回去，您几乎就用不上微波炉了。所以无论您是居家还是单身，这个电饭煲都是相当实用的。

（3）我想再去别的地方看看。

您说得对，确实应该货比三家。但在您去其他地方考察之前，必须要知道，我们的电磁炉是终身保修的；而且出现任何安全问题，我们全额承担责任，包括您的间接损失。这款产品的售后安全保障是其他任何一个品牌都无法具备的。假如您想比较的话，请时刻记住这点。

（4）我再考虑考虑。

这样吧，先生，现在是冬季，这款空调我们只剩下12台了，所以我可以给您打一个反季折扣，大概能省下来200元，您看怎么样？

（5）你的商品有问题。

您假如指的是它正面的雪山山脊断线的话，那么我可以给您解释：这是某某公司限量出产的高端笔记本电脑，不仅配置性能堪比台式机，而且每一款机器正面都是请世界各地的著名画师所设计的图案，经过他们亲笔素描和签名，按照他们的素描线条进行激光雕刻之后，才有现在的成品。全球限量3000台，没有任何两款的正面图案是一样的。您看到的瑕疵，其实正是这款笔记本电脑最大的外观卖点。

顾客拒绝营业员，是经常发生的事。一个好的营业员，绝不应该就此气馁。所以当我们在劝说他人，被对方拒绝时，千万不要打退堂鼓。以为对方的拒绝是有道理的，而你的劝说是错误的，要从对方的话里，找到他赞同你的地方，以及他拒绝你的原因。

也就是说，想把对方的拒绝变为接受，那么首先你必须要在自己的心里把对方的拒绝当成接受，以为他这么说一定是有原因的，或许有不满意的地方，但大方向他是赞同的，我要做的只是把小矛盾解决掉。

只有这样，你才能拥有在遭到拒绝之后继续说服对方的勇气。当然这并不是说，正向应对的心态就是单纯的精神胜利法。不信？你可以回想一下你在拒绝他人劝说时，会对他的话持全盘否定的态度吗？恰恰相反，我们在拒绝时，其实很大程度上也是赞同对方的，只是由于情绪或一些细节因素，导致我们无法接受对方。反过来，我们在说服对方时，也有理由相信对方跟我们的想法一样，也并不是全然拒绝的意思，只是需要解决一些小问题。所以说服一个拒绝你的人，并不是问题。

数字描述更有说服力

2008年美国大选时，有两份报纸报道了麦凯恩和奥巴马之间激烈的竞争，文章如下：

A.麦凯恩议员在得克萨斯选区有微弱优势，但在中部其他选区处于劣势。在最新的西海岸的民意调查里，他也落后于对手。东海岸选民尽管暂时持观望态度，但这是因为奥巴马还没有进入东海岸进行演讲。记者对此进行了随机抽样调查，不少城市的市民对奥巴马的来访表示非常欢迎。

B.在得克萨斯州的53个选区中，支持麦凯恩的有30个，除此之外23个选区支持奥巴马。而在其他中南部诸州，奥巴马获得了超过70%选区的支持。最新的民意调查显示，西海岸选民中支持麦凯恩的只有1/3。东海岸有近半数选民暂时未表态，这是因为奥巴马的行程还没有进入东海岸。记者随机抽取300名纽约市民进行问卷调查，超过250名表示对奥巴马的演讲感兴趣，超过200名十分欢迎他的到来。

这两段叙述，是2008年美国大选的一个剪影，两者都在强调麦凯恩的弱势和奥巴马的强势，但我们稍微一读，就能感觉到B段文字对这种强势的渲染远远高于A段文字。

稍经观察不难发现，这是因为后者把语言表述中尽可能地增加了数字表述。只要这样简单地去做，就能给人极强的说服力，这是为什么呢？

这其实是人的一种潜意识在作祟，以为数字描述中更贴近科学，更客观，更形象，所以更有说服力。而文字描述中总会出现各种修辞手法，甚至夸大其词之处，不足以取信。所以我们在劝说他人时，运用大量数字代替文字，是很有必要的。

而且，这种数字对人产生的说服力，常常是具有迷惑力和煽动力的。很多时候，即使事情的发展实际上跟你的观点略有矛盾，但当你用数字对你的观点加以证实时，就会显得你的观点也很有道理。比如：

这种药品刚一上市，就获得了35％的医生的认同。

这种束腰产品的功效，每三个人中就会有一个人给予好评。

这种电动座椅，得到了近半数用户的好评。

配上令人振奋的动感音乐，以及长相极佳的俊男靓女，上面这三句话活脱脱就是电视推销的广告语。实际上，电视推销常常运用数字描述来说服他人购买自己的产品。在日本，这种做法极为盛行，收效也不错。

但我们仔细推敲一下这三句广告语：

"获得了35％的医生的认同"，那就说明还有65％的医生并不认同。

每三个人就有一个人给予好评，那就代表每三个人中有两个觉得平淡无奇。

得到了近半数用户的好评，也可以理解为超过半数的用户没有给好评。

所以这些数据的真实性有待考证，但却给人极强的迷惑感，很少有人会在被这一大堆数字"轰炸"之后，继续保持清晰的辨识能力。所以要说服他人，只要我们理直气壮地把事情用一大堆数字表述出来，自然而然就能获得他人的信服，因为没人愿意追究数字本身的含义。说出数字，它本身就增添了劝服人的魔力。

除了数字之外，还有一种表达形式对于劝说他人也很有效果，那就是格言。

中学学写议论文时我发现了一个规律：几乎所有的范文都有一两句名人名言，而这篇文章也因为这一两句名言、格言增色不少。格言在议论文中的运用，起到了画龙点睛的作用。

得知了这一点，我自然在平时的议论文习作里加入很多格言。

知识就是力量。——弗朗西斯·培根

给我一个支点，我就能撬起整个地球。——阿基米德

我爱我的老师，但我更爱真理。——亚里士多德

这些烂熟于胸的格言翻来覆去地用，自己也觉得无味，而且中学作文多是命题作文，以当时所学知识来说，并不是每个命题都能找到合适的格言，于是我产生了一个想法：自己编造一些讲述大道理的话，后面署上自己喜爱的作家的名字。

这个办法一开始行得通，跟我阅历相同的同学们不但不觉得那些话很幼稚，反而觉得很贴切。直到有一天，语文老师在我编造的一句署了"陀思妥耶夫斯基"名字的格言后面写了一行小字："陀思妥耶夫斯基=你？"

其实，平时劝说他人时，偶尔冒出一句名家格言，会让你的话顿时显得具有说服力。

美国有一部很受欢迎的刑侦电视剧——《犯罪心理》，在每一集的结尾，都有一句古代或现代、东方或西方的名家说的谚语、格言。配合着跌宕起伏的剧情，电视剧结尾的格言就显得十分有

道理，十分有说服力，而本来显得世俗的剧情，也因这句格言被升华。很多美国人甚至把《犯罪心理》结尾的格言抄成一个小册子。

　　一些观察细致的剧迷，整理之后发现，在已经播出的148集电视剧中，有一些格言所表达的意思竟然是相互矛盾的。

　　比如：

　　人类必须掀起所有的冲突和战争，寻找侵略和复仇的办法，而这种办法的基础，就是爱。——马丁·路德·金

　　爱得太深，会失去所有荣耀和价值。——欧里庇得斯

　　马丁·路德·金的那句话认为爱能解决一切矛盾，而欧里庇得斯那句话认为爱到极致会失去自我。两句话分开看时都很正确，放在一起就有些矛盾了，那是爱还是不爱啊？

　　更有意思的是，那些发现了这些小问题的剧迷们，非但没有因为这些矛盾不喜欢《犯罪心理》，反而更加喜欢了。

　　这就是格言在人心里的效应，其重点在于利用了人们对权威的崇拜。要知道，格言要么出自名家大家，要么就是一个民族数百年来智慧的总结，无论哪种，都可以当成权威性话语去看待。所以当你说出一句格言时，对方会以为说服自己的是那个说格言的名家大家，而不是你。

　　还有一点，任何一句格言，都不能说它是绝对错误的。也就是说，这个世上没有错误的格言，所以才称其为格言。

用问答式劝说对方

美国某州法庭迎来了一场刑事诉讼，被告是个中年男子，被控告杀害了一名白人女性。而对被告最不利的证言来自被害人的一个邻居，这位邻居声称亲眼看见被告开枪，并且弃枪逃离现场。

当公诉人问完之后，轮到辩护律师发问了，这位辩护律师很年轻，长得极为消瘦，他利利索索地走到前台，直接问道："证人，你怎样得知被告人杀害了被害人？"

证人："我看见了！"

律师："亲眼所见，而不是听信了其他人的话？"

证人："亲眼所见，先生！"

律师："你能描述一下当时的环境吗？"

证人："当时是在一片树林里，被告人举着枪……"

律师："那时是什么时候？"

证人："晚上十点，先生。"

律师："你距离案发现场有多远？"

证人："六十……不，五十码左右！"

律师："晚上十点，天色漆黑，你离作案现场有五十码的距离，怎样发现凶手是拿着枪的？"

证人："我不知道……我看见枪管了……那天晚上有月光！我借着月光看见枪管了！"

律师："凶案发生在本月13号，我特意查过那一天的天文历，月亮要在三个小时后升空。证人，我再问一遍，你是否确定在13号晚十点，在漆黑的环境下，距离五十码之外，看见我的当事人，也就是被告，在森林里枪杀了一名白人女性？"

证人："我想……我可能看错了！"

由于证人的证词没被采纳，所以最后被告被无罪释放。而这位利用问题让证人自己收回证词的聪明律师，正是后来的美国总统——林肯。

首先让我们来探讨一个问题：对于绝大多数人来说，谁说的话最可信、最无法反驳？答案是：自己说的话。

这是一个实实在在的心理学结论：大多数人会对他人意图灌输给自己的观点持反射性的反对态度，而对自己的观点深信不疑。

在上述案例中，林肯并没有主动反驳证人，是证人自己驳倒了自己。这就涉及一个心理学问题，怎样让对方一环扣一环地自己说出你的观点，这需要一定的技巧。

战国中后期，齐秦两国国势强大，而且两国又是盟国，所以楚燕韩赵魏五雄在大战略家苏秦的倡导下，联合抵抗齐秦联盟——史称"合纵"。

但五国合纵的力量也不足以抵抗强大的齐秦。两国国君甚至开始商量双双称帝，并分别自东西两头夹攻战略纵深最小的赵国，灭而分之。

要知道五国合纵的联盟并不紧密，所以赵国灭亡即在须臾。当时任燕国国相的苏秦受燕昭王之托出使齐国，希望能够劝阻齐国出兵。苏秦来到齐国国都临淄，得到了齐国君主齐闵王的接见。

齐闵王有几分武力，但过于狂妄，急功近利，目光短浅。苏秦正是看到了齐闵王这一点，对症下药，加以劝说。

见到齐闵王，互相见礼之后，苏秦问道："听说您要和秦国共同称帝？"

齐闵王得意地笑了笑："正有此事。"

苏秦："齐国虽强，恐怕也不如秦国矣。请问大王，假如两国共同称帝，其他各国是更尊重强秦呢，还是齐国呢？"

齐闵王面色不虞，但还是说道："我们国力不如秦国，自然不如他们受的尊重多。"

苏秦："那么，若齐国放弃帝号，秦国仍然痴迷于虚名，大王以为其他各国是喜爱齐国呢，还是喜爱秦国呢？"

齐闵王想了想："当然是齐国。"

苏秦："大王要与秦国合兵伐赵，那么，敢问大王，若赵国为你们所灭，是秦国获得的城池多，还是齐国获得的土地多？"

齐闵王："赵国与秦国接壤，而且秦国兵势强盛，自然是秦国获得的土地比我们多。"

苏秦："大王，齐国的西面除了赵国之外，还有宋国。大王攻打宋国的利益多呢，还是攻打赵国的利益多呢？"

齐闵王："宋国与秦国不接壤，我们齐国就可以单独占领他们的土地，自然是攻打宋国收益大。"

苏秦："那么，您此刻该怎么办呢？"

齐闵王："假如我们同秦一样称帝，天下只尊秦国；假如我们放弃帝号，天下就爱齐而憎强秦，共约伐赵又不如单独伐宋，那么我不如放弃帝号以顺应天下，并出兵伐宋！"

　　我们现在要说的是，一连串问题之间一定要有紧密的逻辑性，这样才能牵扯住对方的注意力。用这种问答式的方法劝说对方，才能最大限度地满足对方的感情效果，因为一切答案都是从他自己口中说出来的，他会把你所提出的观点当成自己的观点。所以用这种方法说服别人，一旦成功，对方往往会更加心悦诚服。

用威吓让他人听从

在生活中，说服他人有许多种策略，或者迂回，或者和气，或者委婉，但在这一节里，我们要介绍的，却是一种近乎"暴力"的策略，用威吓让他人听从你的意愿。

当然，这种策略是不得已而为之的办法，适用的人群，通常也是怎样劝说都无法取得成效、固执己见、顽抗不屈服的人。

北岛敏行是个惯犯，他曾经多次入室抢劫，使得大阪东南郊的富人区一时间人心惶惶。

直到他又一次作案未遂，日本警方抓到了他，尽管发现他的作案工具与前几起案件有一定程度上的吻合，但这并不足以在法庭上使他服罪。

而北岛敏行又很狡猾，无论审讯员怎样威胁他，他都不承认自己的罪行，这使警察局不得不精心部署一轮新的审讯。

三天后，北岛敏行被戴上头套，粗鲁地押入一辆车中。车辆颠颠簸簸地开了近半个小时，停下后，他又被人一把拉下了车，领进了一间屋子。

然后他被领着坐在了某处，他能感受到四周的潮湿和冰凉。

他的手被铐在椅子上，尽管并不疼，但也很不舒服。

接下来他听到了一些喃喃自语："我们把他怎么办？"

"不知道，组长吩咐下来的，暂时扔在这吧。"

"做掉然后沉到海里？"

"你疯了吗？这种事不要胡说，我们什么时候做过？"

"昨天不就……"

"闭嘴，你这个臭虫。"

啪——一声响亮清脆的声音，想来是某人被扇了一个耳光。

"听着，你这个臭虫，赶快干活，不要那么多废话，先处理下一个。"

接着就是一阵铁链撞击的声音，一个虚弱的声音传进北岛敏行的耳朵里："求求你们放过我，看在上帝的分上，求求你们，你们不是警察吗？你们怎么能这样！"

"哈哈，谁说我们是警察？你有什么证据证明我们是警察！"

话音刚落，北岛敏行就听到了一阵电锯或者电钻的声音。

"开恩吧，别这样了，啊！"一阵阵惨叫声传了出来。

"怎么样，享受吗？我们再来一次！"

"不，别！啊啊啊啊——"连续不断的惨叫声忽然戛然而止，寂静重新充盈整个空间，只有铁链撞击声。

"你这个臭虫，怎么把他弄死了！怎么跟组长交代！算了，把他扔进海里吧。"

扑通——北岛敏行听到什么东西进入水中的声音，紧接着，他听到一个声音在耳边响起："先生，轮到你享受了。"

又是一阵令人毛骨悚然的电钻声。

北岛敏行马上喊叫："啊，不！不！我什么都说，我什么都说，求你们放过我！求求你们。"

那个声音似乎在思考，一会儿之后才懊恼地说："真没劲！"

接着，那人似乎掏出什么东西，然后说道："头，那个小矮子说他什么都愿意说。什么？把他送回去，您的意思是……完好无损？是！是！"

北岛敏行听到这话松了一口气，果然，一只粗暴的手抓起他的衣领把他拉到了一辆车上。发动机发动后，北岛敏行感觉到在车里颠簸了至少半个小时。车停下来，他被带下车，领到一个地方，摘下了头套。

北岛敏行睁眼一看，原来是审讯室——一般的审讯室，他大舒了一口气，然后对面前的审讯员说道："你问吧，我什么都愿意说！"

接着他变得极为配合，把一切都招了出来。但实际上，北岛敏行听到的一切都只是警察局做的假象。

有人做过这样的实验：在一窝刚孵化出来的小燕子上空，用器材模拟出母燕子飞过的样子，小燕子们都争着把脖子竖起来，似乎在期待母亲喂食；而当实验者用器材模拟猎鹰掠过它们的上空时，小燕子们则吓得瑟瑟发抖。

恐惧感是脊椎生物与生俱来的本能。处于恐惧状态的生物，会比平时更加脆弱，更容易六神无主，更容易往坏的方面联想，而一旦达到这种状态，就是我们乘虚而入的关键时候。

北岛敏行正是由于被"灌输"了恐惧，自己产生联想，把一切都往最让人害怕的方向去想，所以最终抵抗不住自己的心理恐惧，向审讯员"投降"。

世界各国警察对待犯罪嫌疑人时都极为擅长此道。美国警察抓到重罪犯罪嫌疑人后，往往会在正式审讯之前，先为他描述一番看守所里有多糟糕，检方在提出罪行条款时，也会向犯罪嫌疑人描述监狱里有多恐怖，以换取对方的让步。

在生活中，这种威吓的策略也会被经常运用。大多数孩子小时候都被老师用"不听老师的话就找家长"这样的攻心策略威胁过，因而只有乖乖接受老师的安排。

尽管孩子长大了之后就不会再怕"找家长"，但新的恐惧总是层出不穷。比如，害怕被上司责骂，害怕被恋人甩掉，害怕下个月的收入不足以应付开销，害怕生病，害怕跟人吵架……

这一切可以令人害怕的因素，都是我们可以利用的东西。当你实在无法说服一个固执的人时，不妨试着营造出一个令对方恐惧的语言环境，往往会事半功倍。

让你陈诉的条件和对方利益接轨

生活中，有时候，咱们把自己的条件说成是对方的机会，往往会收到出其不意的效果。张康晟是一家文化公司的职员，他们公司的主要经营项目就是幻想小说、言情小说之类的流行快餐文学。这个行业的利润很可观，所以张康晟这些写手的薪金待遇也不错。

但这两年由于美国次贷危机引起的经济危机席卷世界，张康晟的公司也受到了很大的影响，所以为了保证公司利益，就得裁员，而裁员的通知已经在三天前下达，公司上下人心惶惶。

张康晟为人精明，深得同事信任，于是被选为谈判代表去跟领导商量避免裁员的事。

领导并不是个死板的人，但他也有自己的苦衷。于是，他跟张康晟说："现在这个经济环境你也知道，公司的效益也不好，我就算自己不挣钱，也要保证其他合伙人的利益，这样就不得不裁员啊。张康晟，咱们不是合作一两年了，我的为人你也知道，假如不是迫不得已，你觉得我会裁员吗？"

张康晟点点头表示同意："领导，您的为人我们当然相信，但您也要相信我——我劝您别裁员，这样不但帮我们保住了工作，更会帮您和您的合伙人保住利益。"

领导一愣："什么意思？"

张康晟："这场危机在美国已经发生三个月了，美国现在也是百业萧条，但有一个行业率先崛起，您知道是哪个吗？"

领导说："还真不知道。"

张康晟："电影行业！因为经济低迷，很多人需要一些精神上的安慰，而在美国一张影票在4元左右，最贵的不超过10元。美国人收入尽管减少，但四五块钱还是拿得起的。"

领导若有所思。

张康晟继续说："但中国不一样，您在大城市什么时候见过大院线的票价低于70元的？对于大多数人来说这可能就是一天的收入。这就注定了电影对我们来说，不可能变成大众化的日常消费。但我们的书呢？一本最贵的不超过30元，要四五天才能看完。所以领导您想想，在中国，经济低迷持续一段时间之后，哪个行业会率先崛起？"

领导说道："出版业？"

张康晟："当然啊！您再想想，今天您裁员了，我们不可能在家闲着，就要去别的出版公司找工作。那样的话，等到出版行业开始崛起时，别的公司有充足的写手，而您由于裁员导致人手不够，这不就等于便宜了竞争对手吗！"

这话让领导茅塞顿开："你放心吧，张康晟，回去告诉他们，咱们不裁员了！"

在任何情况下，提出条件和接受条件的人都会有强弱势的差异，而大多数时候，谈判的强势方比弱势方会多出很多优势，弱势方很难战胜强势方。

而张康晟却为我们展示了一次怎样的"以弱胜强"。

表面上看，张康晟他们要保住工作，要仰仗领导的鼻息，处于绝对的弱势，而领导掌握着写手们的去留大权，毋庸置疑是强势的一方。

但张康晟在谈话里用一个很隐秘的技巧扭转了双方的强弱势位置：把自己的条件说成是领导的机会。

本来，写手们需要工作，而领导需要的只有一点，就是赚钱。矛盾在于，由于经济危机，假如领导想要赚钱，写手们就要失业。所以张康晟利用美国的"电影业复苏"做了类比，把写手们留下来说成了领导在未来的机会。本来应该看领导脸色的写手，一下子变成了领导眼中的稀有人才，领导怎能不留！

让弱势转化成强势就是这么简单，找到你的要求和对方诉求之间的通融点，打开并呈现在对方面前，你的提议就不会被拒绝。

金牧师是韩国釜山的基督教牧师，这几年韩国的基督教徒越来越多。很多城市进入夜晚后最漂亮的景色就是房子上面有一个发光的十字架，而教会活动的主要经济来源就是基督教徒们的资助。这样，牧师除了传教，还有一个职能就是召集教徒募捐。金牧师就是一个号召募捐的高手。

金牧师是从首尔来到釜山的，但无论在哪里，他都是教堂里募集资金最多的一个。他的募捐额之所以高，并不是因为他用了什么不光彩的手段，而是因为他对教徒募捐抱着一个始终如一的态度：人与人之间互相帮助是应该的，帮助别人，这是一个接近上帝的机会。

对于大部分牧师来说，在号召募捐时，给人的感觉总是在"要钱"。对于信徒来说，捐款变成了付出。

而金牧师不同，当教徒走到募捐箱前时，金牧师总是说："多好，又有机会帮助别人了。"而教徒们听到这话之后，总是买他的账。因为教徒们此时以为，为教堂捐款不是"付出"，而是"得到"。

其实，每个人都喜欢"得到"，而不是"付出"，不是吗？

我们可能不是宗教人士，但在世俗生活中这种方法同样有用，只是要注意两点：

第一点：你的要求必须是对方能接受的。拿金牧师来说，要求信徒募捐几块钱无伤大雅，假如是要求信徒捐出自己的一半财产，一定会引起信徒的强烈反感。

第二点：你要"虔诚"。金牧师把要钱说成给对方行善的机会，所以有人相信他，当然，他自己也这么想。案例中的主人公张康晟能劝服领导，也是因为他的分析让人相信。所以当你向对方陈诉的条件和对方的利益接轨时，你的理由一定要使人信服。

7 Chapter 7

透析行为举止微反应

握手也是一种交流方式

在生活中，握手是人际交往中最常见的礼节之一。同时，握手也是一种交流方式，能传达出尊重、热情、鼓励，或者敷衍、逢迎、傲慢等情绪，握手时下意识的动作，会流露出一方内心不为人知的秘密。

习惯用双手握住对方的手

此类人待人热情，品性温厚，心地善良，对朋友能够推心置腹，喜怒形于色，而且爱憎分明。

握手时大力紧握

这种人握手就像掰手腕，令对方疼痛难忍。其实，他们是想传达真诚的情感，却往往因为做得太过，给人留下虚伪的印象。尤其是第一次见面，很多人都不习惯这样的握手方式。性格方面，这类人精力充沛，自信心很强，但是往往偏于专断专行，妄自尊大。除此之外，他们的组织领导能力都很突出。

握手时力度适中

他们和别人握手时力度适中、动作沉稳，双目自然注视对方。这类人个性坚毅坦率，富有责任感，为人可靠。他们往往思维缜密，擅长推理，经常能为人提出建设性意见。每当别人遇到困难时，他们总会迅速地提出切实可行的应对方法，颇具大将风度，因而能得到他人信赖。

这类人具有做领导的潜质，所以不妨和他多走动，说不定以后他们会成为你的贵人。

握手时轻轻碰触

这在社交礼仪中是大忌，只轻轻触碰，握不紧对方的手，会给人留下敷衍、不尊重人的印象。

一般来说，这类人性格比较悲观，对什么事情都漠不关心，颇有游戏人间的洒脱精神。另外，他们为人比较豁达，谦虚而随和。

握手时上下摇动

他们会紧紧抓住对方的手，然后不停上下摇动。这类人属于极度乐天派，对未来充满希望，无论什么时候都神采奕奕，似乎没人见过他们发愁。

而且，他们往往因为自己的积极热情，成为受人喜爱倾慕的对象。

握手时抓住不放

他们常会抓住对方的手，直到把话说完。总体来说，此类人感情丰富，喜欢结交朋友。但是，假如是两位男士握手，则说明不放手的一方对另一方有所求，他希望对方认真听完他的话，并且做出回应。

假如是两位女士握手，可能她是一个喜欢嚼舌头的人，爱在背后议论他人是非。假如是男士握住女士的手，说明男士对女士有好感，希望通过这种方式把好感传达出去。

握手时只用手指抓住对方

这类人性格敏感，情绪不稳，容易激动。跟这样的人接触，一定要小心，不要触碰他们的雷区，否则很可能让自己下不来台。除此之外，他们心地善良，富有同情心。

不愿与人握手

不会主动跟人握手，别人先伸出手时，他显得很不情愿。这类人大多内向羞怯，性格保守，但是对人却很真诚。

心理专家认为，最好的握手方法是：力度适中，直视对方的眼睛。这样，才能既显出你的自信，又能传达出你的真诚和对对方的情意。通过握手，在彼此间搭建心灵沟通的桥梁。

走路的样子彰显性格

平时在路上，除了列队行走的军人，人们走路的样子是各式各样的，不可能一样。时间长了，你就会发现，一个人的走路姿势与他的性格、心理活动密切相关。一般来说，可以总结成下面几种类型：

标准步姿

腰板挺直，收腹收胸，步伐有弹力，手臂自然摆动，眼睛平视前方。这类人一般都乐观、自信，对人友善且有远见。

走路时，手插裤兜里

一只手插在裤兜里的人，走路显得很潇洒，比较重视自己的形象，很重感情，也很懂感情。两只手同时插在裤兜里的人，为人一般比较懒散，个性上有点多愁善感。

走路时两臂在身后摆动

这类人有点自高自大，对什么都不买账，什么都不怕，性格比较蛮横，别人很难与其进行言语上的沟通。他们爱打抱不平，喜欢指挥别人，不愿意被别人指挥。尽管如此，这类人其实思维敏捷，做起事来有条不紊，有很强的组织能力，具有做领导的潜力。

走路时两臂在身前摆动

这类人往往胆小谨慎，唯唯诺诺，看上去没有精神，非常柔弱。他们承受不住一点精神上的打击，情绪很容易崩溃。但假如是故意做出这样的走路姿势，说明此人流里流气，别人很难看清他的真实为人和目的。

走路时上身微微前倾

这类人大多个性内向，为人谦虚而含蓄。他们与人相处时，表面沉默寡言，但极重情义。他们表面看起来很平和，内心却十分积极或急躁。

走路速度很慢

走起路来气定神闲，比一般人慢半拍。这样的人能严格自律，为人谨慎，做事有条理，对任何人都十分宽容。为人精明而稳重，不轻信人言，重信义，守承诺。尽管看上去有点懦弱，实则十分有思想，有主见。

走路速度很快

这类人大多聪明能干，精力比较充沛，勇于面对生活中的各种挑战，有很强的适应能力。他们做事讲究效率，从不拖泥带水，只要是想办成的事情，就一定会朝着目标努力，严肃而认真，是"言必信，行必果"之人。

小步快走

就像古代臣子见君主时的样子，用小碎步急急行走。这类人可能长期处于被管理、被领导的地位，养成了这样的行走习惯，或是本身就性情急躁，抑或心情急迫。

走路时大踏步

这类人一般都有强健的体格，自信心比较强，个性顽固且好胜，做事十分干练，讨厌别人拖拖拉拉。他们心地善良，别人有事相求一定会尽力帮忙。

走路时脚拖地

走路不抬脚，鞋跟与地面摩擦严重，这类人常有疲劳、不快乐及苦闷的心情。做事没有积极性，喜好墨守成规，没有开拓精神，也没有突出的才能，常会在命运方面受阻或受挫。

　　总结起来，最好的走路方式是，抬头挺胸，眼向前看，步伐不紧不慢。这样，才能给人一种自信、积极向上的感觉，也容易获得他人的信任和好感。

"站姿"是由性格决定的

在我们的成长过程中，长辈们总是教导我们要"坐有坐相，站有站相"。

尽管如此，人们的站相还是千姿百态，不尽一致。每个人都有自己习惯的站立姿势，美国夏威夷大学的心理专家指出，人们的"站姿"其实是由一个人的性格决定的。

站立时，双手叉腰

这类人多是领导，具有很强的自信心和权威性。假如他的双脚分开比肩宽，整个身躯微微向前倾，往往表示其存在着潜在的进攻性，你就要做好对方要发火的心理准备。

站立时，习惯将双手插入口袋

这类人一般城府较深，不会轻易向人表露心思，而是暗中策划行动。他们的性格偏于内向、保守型，凡事步步为营，警觉性很高，不会轻易相信别人。

站立时，习惯一只手插入口袋

这类人往往性格复杂多变，有时会亲切随和，与人推心置腹，极易相处；有时则对人冷若冰霜，处处提防，将自己严实地包裹起来。

站立时，习惯把双手置于臀部

这类人往往有主见，有自信，做事绝对认真，为人稳重不轻率，具有驾驭一切的魅力，比较有领导才能。他们最大的缺点就是主观意识太浓，而且听不进劝告，所以有时候表现得很固执。

站立时，将双手置于背后

这类人性格保守，最大的特点就是尊重权威，遵守约定俗成的规则，而且极富责任感。不过，只要给一定的时间，他们也能够接受新思想和新观点。除此之外，这类人的情绪不是很稳定，所以往往显得有些高深莫测。优点是富有耐性，做事不怕麻烦，无论遇到什么困难，都能够坚持到底。

站立时，双手交叉放于胸前

这类人大多个性坚强，在困难面前不屈不挠，轻易不会低头。同时，他们过分追求个人利益，且有很强的戒备心，与人交往时，常常摆出一副自我保护的防范姿态，拒人于千里之外，往往给人冷冰冰的感觉，令人难以接近。

单腿直立，另一腿弯曲或交叉在一侧

这是一种持保留态度，或者有轻微拒绝倾向的站立姿势。习惯这样站立姿势的人，往往自信心不足，性格比较腼腆，到了一个陌生环境或者不熟悉的人中间，会觉得很拘束。但是，他们待人很真诚，内心也比较火热，喜欢帮助人。

双脚并拢，双手交叉

这类人为人处世谨小慎微，而且凡事喜欢追求完美。从外表看起来，他们稍显懦弱，似乎缺乏积极的进取精神，实则，这类人性格中有很坚忍的一面，他们认准的事情，就会默默而顽强地去做，绝不轻言放弃。

习惯倚靠着物体站立

他们不是靠着墙，就是靠着桌子，没有任何物体时，还会靠着别人。这类人比较好的一面是，为人坦白爽直，也容易接纳他人；不好的方面是，缺乏独立性，做事总喜欢走捷径。

身体语言往往比嘴巴更诚实，嘴巴经常有意识地撒谎，身体语言却是无意识地流露出真实状态。我们仔细观察一个人的站姿，就可以看出他是怎样一种人。

坐姿体现人的内心状态

你觉得怎样坐着更舒服一些？你的这个看似不经意的坐姿可能会"出卖"你的内心，它会透露出你的性格特点和内心秘密等一些信息，下面让我们一起来看看。

正襟危坐的人

两腿并拢，整个脚掌着地。这类人为人真挚诚恳，襟怀坦荡，天生古道热肠，所以尽管性格直爽，但不会激怒他人。他们的特点是，做事有条不紊，但比较容易较真儿，力求周密完美，并且从不冒险行事，也缺乏足够的灵活性，难免给人留下拘泥于形式和呆板的印象。

跷着二郎腿的人

这种坐相显得很自然，说明此类人比较自信，懂得怎样处理复杂的人际关系，也比较会享受生活。

但是，假如一条腿钩着另一条腿，则说明此类人为人谨慎、矜持，没有足够的自信，做起事来经常犹豫不决，性格也显得比较复杂。不过，因为能掌握待人处事的分寸，也能得到他人的喜欢和好评。

脚尖并拢，脚跟分开

这类人做事太过认真，一丝不苟，常会显得犹豫不决。他们尽管知道这样做会耽误事，却往往不能改正。他们不太喜欢交际，总是独处，或跟最亲近的几个人交往。他们有很好的洞察力，能以最快的速度准确判断出陌生人的性格，但有时候会过高评价自己的能力。

两脚并拢，脚尖抬起，脚跟着地

这类人谨慎小心，孤僻自闭，不敢融入人群，对人常持远观和防卫态度。这和他们天性异常敏感有关系，他们不能够承受一点点指责和议论。周围人能感觉到他们的这一特点，所以常会避免和他们谈论一些问题。这会让他们产生一种被隔离的孤独感，增强他们的心理防卫意识。

双脚向前伸，脚踝部交叉

男性出现这种坐姿时，常会双手握拳放在膝盖上，或者紧紧抓住椅子扶手；女性则双手自然放在膝盖上，或将双手交叠。这类人通常喜欢发号施令，还有强烈的嫉妒心，总是想在各方面争第一，支配和控制他人，所以他们可能很难相处。除此之外，此类人做事有点犹豫不决，尤其是在个人生活上，经常会害怕做不好，出现紧张、恐惧心理。同时，他们会防御别人，避免受到他人的支配和攻击。

双腿分开而坐

这类人胸怀坦荡，可能具有主管一切的偏好，有指挥者的气质或支配他人的性格。他们一般都很外向，无所畏惧，甚至有些不知天高地厚。假如是女性，则说明其缺乏生活经验，有些自以为是。

坐着时，腿脚不停抖动

这类人很自私，凡事从自己的利益出发，极少考虑别人，对人很苛刻，对自己却很纵容，没有什么人缘。但他们善于思考，经常能提出一些别人想不到的问题。

　　可能我们很难猜出对方内心所想，但假如做个有心人，认真观察陌生人的坐姿，在三五分钟内，即使你们没说话，也能将对方的个性了解个大概。

　　这是一个很不错的公关策略。

从手的细节中捕捉心理信号

在日常生活中，我们做很多事情都离不开自己的双手。不光是做一些事情，当我们有了情绪时，会本能地用手去表达。比如，竖起大拇指，表示夸奖或赞赏；招手表示喜欢或者再见；等等。除此之外，双手一些不自觉的习惯，也是人内在情感的自然流露，善于观察的人，就能从一些手的细节中，捕捉到他人的心理信号。

指尖轻敲桌面

当你对人说话时，他人做出这个动作，可能是他正陷入某种思维困境，或者在考虑解决问题的办法，抑或是还处于犹豫之中，不知道该不该做某个决定。这时候，你应该知趣地停下来，假如继续说下去，可能会引起对方的不耐烦，使事情变得糟糕。

抱紧双臂或双手叉腰

在交际场合中，突然用手抱住胳膊，身体向后仰，或者双手叉腰，身子前倾，这都表示对方对你的话持反对态度，甚至是你的话已经惹怒了他。前一种姿势，颇有点不以为意的意味，后一种姿势则代表攻击性，说明对方准备激烈地反驳你。

双手交叉放在脑后

这是一种很舒适的动作。行为人可能处于支配地位，以舒适的姿势来表现自己的从容、镇定及身份地位。比如，聚会时，部门头头可能会做出这样的动作，但是，当经理走进来后，他马上就会放下手，变得毕恭毕敬。

不停搓手

当一个人做出这样的动作时，说明他正处于一种紧张、焦虑、不安的状态。尤其是十指交叉，来回上下搓动，则说明他的焦虑到了极点，假如再找不到十分好的办法，可能将面临情绪的大爆发。

用手摸嘴、鼻子或耳朵

这是人在说谎时，一些下意识的动作。有可能是他们在故意撒谎，也有可能是不想提示别人某件事情。不管是哪种情况，假如看到有人在做这种小动作，就不要轻易相信他所说的话。

将拇指插入口袋

跟人交谈时，只将拇指放入口袋，其他四根手指露在衣服外面。这表示他们正处在不安的状态，大多是因为不自信，或者缺乏安全感导致的。这会让对方产生一种你不值得信任的感觉，所以应尽量克制不要去做这样的动作。

用手指对人指指点点

这样的人，往往处于一种支配别人的状态。此类人，自高自大，而且脾气暴躁。假如他们正在做这个动作，则说明对某件事情，或者某个人不满。这时候，千万不要去反驳，否则可能引发他们的暴脾气，惹出争吵。

用手捂嘴

说明当事人意识到自己某句话说得不合适，赶紧用手捂嘴，做出遮掩之势。这时候，若给他一些宽慰的话，一定能让他对你感激不已。

我们常说"十指连心"，手能表达人的心声，是不容怀疑的事实。我们要想了解一个人的内心，多观察他的手势就可以了。

对你的情绪温柔以待

北宋文学家王安石曾有一首打油诗，与"情绪智能"有关："风吹瓦堕屋，正打破我头。瓦亦自破碎，岂但我血流。我终不嗔渠，此瓦不自由。"的确，砸到我们头上的那片瓦是被风吹落的，它并没有自由，也不是故意的！情绪就是一个这样的东西，时刻伴随着我们，我们要像认识手和脚一样认识它，使用它，以温情的方式相待。

在我们所做的事情当中，有许多都是受情绪影响的。由于我们的情绪可以为我们带来伟大的成就，也可能使我们失败，所以我们必须了解并善于控制自己的情绪。善于控制自己的人，定会广受别人喜爱。相反，不善于控制自己的人，往往会惹来接连不断的麻烦。

罗素·克劳可算是当今影坛家喻户晓的大明星了。他主演的《美丽心灵》轰动全球，拿的奖项多得让导演、演员手腕发酸。罗素·克劳更被认为极有可能再次捧走奥斯卡小金人。但近日不少人也发表看法说"罗素·克劳不会得奖，不是因为竞争的激烈，而是他自己暴躁的性格"。

的确，离开了摄像机，罗素·克劳就成了暴躁的狮子。他爱发脾气，酗酒。尽管观众喜欢有性格的演员，可是像罗素这么大脾气的也没几人能招架得住。从《惊爆内幕》《角斗士》到《美丽心灵》，罗素·克劳已经是第三次角逐奥斯卡最佳男主角了，但人们都说他不久前因为自己的臭脾气而犯了一次自杀性的致命错误。

后来，他获得英国电影学院最佳男主角奖。罗素为了一表兴奋之情，在领奖时赋诗一首。结果，这段内容被BBC在播出时删掉了，罗素因此而大发雷霆。尽管他后来为自己的鲁莽道了歉，却没得到大家的原谅。大家以为罗素纵然把纳什演得出神入化，可他本人的性格却让人无法钦佩。

这是一个无可争辩的事实：不善于控制自己的人是令人讨厌的。

曾经有人对监狱里的成年犯人做了一项调查，结果惊奇地发现：90%的人之所以沦落至此，是因为缺乏必要的自制。由此可见，失去自制能力的后果是多么可怕。

善于控制自己的情绪是一个人的美德，也是自身健康的助推器。

科学家们发现，大脑的情绪中心与免疫系统有着直接的联结。健康情绪能帮助人们抵抗感染、感冒等疾病。依靠健康的心态战胜疾病的例子屡见不鲜，而那些恐惧、害怕、绝望的情绪则会让疾病恶化得更快，甚至导致死亡。

社会上一度出现抢购"凯蒂猫"的热潮，男女老少排着长龙，只为买一只造型极简单的"玩偶猫"。为什么它如此大受欢迎？好多人实在想不透！但大家是否注意到，凯蒂猫只有眼睛、鼻子和胡须，而没有嘴巴！它只是乖巧无语地静静站着，既不会骂人，批评人，也不会用"情绪性字眼"指责别人！不是吗？凯蒂猫有一份"单纯可爱的自在"，而没有"多言惹祸的嘴巴"。

语言本身没有"刺"，但是它一旦感染上暴怒、愤恨等情绪，就会让听者觉得"话中带刺"。而这种"刺"恰恰会破坏一个人的形象，进而破坏人际关系的正常发展。伤心愤怒的情绪会时常伴随着我们。我们应该勇敢面对生活中的挫折，消除这种情绪障碍，回到健康快乐的生活中。请记得富兰克林这句话："愤怒起于愚昧，终于悔恨。"

人们都说力的作用是相互的，我相信情绪也一样。只有认识自己的情绪，控制自己的情绪，情绪才能赋予我们一个多彩和完整的人生。

爱幻想人的性格特点

相信大家一定都看过经典童话剧《白雪公主和七个小矮人》，剧中白雪公主经常双手托腮，入神地望着窗外，想象着自己的白马王子和一场浪漫的圣诞夜舞会。在动漫产业发达的日本，几乎在每部动画片中，在所有出现多愁善感、爱幻想的小女孩的场景中就会有双手托腮的可爱动作。这个动作出现频率之高，以至于已经成为设计的固定模式，双手托腮也已经成为爱幻想的妙龄少女的专属动作。

托腮幻想的样子

早上八点钟，英语早读时间，班主任王老师照例走进教室。环顾教室，一片琅琅的读书声，王老师露出满意的微笑。忽然她发现第一排最远处座位上小A同学的课本直立在桌子上，却看不到小A同学的脸。王老师轻轻走过去，拿掉小A同学的课本，轻轻地喊道："小A，小A……"却并不见小A同学的回答。只见小A同学双手托腮，面带微笑，沉醉于美好的想象中。

为什么爱幻想的人喜欢双手托腮

很多人都喜欢幻想，对于处于青春期的女孩来说，幻想的内容多半是未知的生活、美好的爱情，幻想成为电视剧里的女主角，和心爱的人在一起；对于即将或刚刚步入社会的青年来说，幻想成功的事业、和美的家庭。双手托腮，这一动作看似随意，实则是用自己的手代替了亲人、朋友或者是情人的手，来给予自己拥抱、呵护，弥补了自己当前无法体会到的感觉，给予自己在幻想过程中的一种身体和精神上的安慰。

在工作忙碌、生活充实的人身上，双手托腮去幻想的动作并不多见，只有可供幻想的时间，心有所想时，才会托腮沉浸在自己的思绪中。若你眼前的人，正用手托腮听你说话，那就表示她觉得问题很无趣，你的谈话内容无法吸引她，她另有所想。而假如你的情人出现这样的举动，也许她正疲倦于沉闷的聊天，希望你给她一份其他的惊喜！

经常托腮幻想会偏离实际

一方面来说，若平日就习惯以手托腮的话，表示此人富于想象力，有自己的内心生活情怀；也可能是经常心不在焉，对现实生活觉得空虚，期待新鲜的事物，梦想着在某处找到幸福。想抓住幸福的话，不能只是用手托着腮幻想而什么都不做。守株待兔便是这类人最佳的写照。

从另一个方面来看，这种人因为觉得日常生活了无新意，而习惯于生活在自己编织的世界中，偏离了现实，脑中净是罗曼蒂克的构思，与之交谈，往往会有一些意想不到的有趣问题出现。这种人就像一个爱撒娇的孩子一样，随时需要呵护，但溺爱也不是好事。拿捏好尺度，适度地满足她的需求才是上策。而经常做出托腮动作的人，除了要自我注意这种行为是不是因内心空虚产生的反射动作外，也应尽量充实自己，减少内心的不安，试着通过心态的调整，改善表现在外的肢体动作。

双手叉腰人的性格特点

喜欢体育运动的朋友都知道，在某些重大的拳击比赛开始之前，举办方为给比赛造势，通常让拳手摆出一些具有挑衅性的姿势做宣传写真。于是我们经常会看到拳手双手叉腰，下巴微扬，一副目中无人、无所畏惧的样子。其实，假如我们留心观察的话，双手叉腰这种姿势不光在竞技场合中，在普通生活中也很多。名作《故乡》中，鲁迅先生笔下的杨二嫂"薄嘴唇……两手搭在腰间"，刻画出了一个性格"尖酸刻薄"的女人形象。可见，双手叉腰并不能给人表达一种友善可亲的形象。

双手叉腰的动作会被不同的人在不同的场合下展示出来。例如，小孩子向父母辩解时，运动员等待比赛开始时，等等。当男人的领地被其他男性闯入时，他们也会用这样的姿势向入侵者发起无声的挑战。

在周末的周工作总结会上，同事小张和小王因为工作职责和工作进度问题产生了分歧，但幸好有同事及领导在，两人的争吵没有发展到特别激烈。下班后，小张去抽烟区放松紧张的神经，突然看到小王也在那里，双手叉腰，嘴里叼着一支香烟，于是一股怒火充斥了内心。这个场景下，小张感觉到的是小王对工作中争吵的不服气，以及不依不饶，于是开始了新的争吵。

也许小王并没有咄咄逼人的意思，但这个姿势却把不友好的态度传递给了他人，以至于造成误会。

据国外科学家研究，双手叉腰的姿势会给人一种微妙的视觉和情感上的刺激。双手叉腰时，我们能够占据更大的空间，往外凸出的手肘形状也像是武器，给人一种震慑感觉，尤其是在双方已经有冲突意识的前提下，这种视觉上的刺激会更加明显，造成人心理上的防御情绪。

这个强势者的姿势通行于全世界，它给人的信号就是要随时准备发起攻击。于是在众多的美国西部牛仔电影中，这成了牛仔们的一种经典姿势，决斗前的牛仔们必定是一手拿一把左轮手枪，一手叉腰。

这个姿势让人们感觉到的是来者不善，似乎当事人对已锁定目标志在必得。在某种情况下，即使双方之间的交谈是随意而友好的，但是，双手叉腰的姿势肯定无法营造出放松的谈话氛围，除非他们能够放下叉在腰部的手臂。

所以当和别人交谈时，一定要不做出双手叉腰的动作，这会让人觉得受到了威胁。即使是正在发生争执，也不要做这个动作，而是想办法心平气和地解决，否则只会让事情越来越糟糕。双腿交叉是自信舒适的象征。

某跨国公司H公司高档会议室里，小李与公司商务总监王总和H公司的刘总在沟通H公司产品国内代理权事宜。会谈进行得十分顺利，双方都比较放松，刘总更是站起来，沏了一杯茶后，身体斜倚在会议桌上，左腿放在右腿之前，呷起了茶水。再经过详细事宜商谈之后，双方愉快地签订了合作合同。

事后，王总自信地说："其实会谈进行到一半我就能够预测到这个合同已经稳拿。"

小李很吃惊地说："为什么，难道王总能够神机妙算？"

王总哈哈一笑，回答道："小小的暗示就发生在你身边的每时每刻。你应该注意到了吧，H公司的刘总表现得是多么坦诚自然，没有特别多的客套拘束，说明他对我们的沟通也是相当满意的。"

小李："您是说他在会谈中间还有心情沏茶？"

王总："这还不是主要的，你看他双腿交叉，一副悠然自得的样子，仿佛已经胜券在握，这已经说明问题了。"

小李："双腿交叉也能说明问题？"

在几百万年前，人类尚未产生语言的时期，由于相互之间无法快速有效沟通，腿和脚就成为最有效的工具，遇到危险情况可以逃跑以应对猛兽、灾害等。在此时期，双腿交叉只能在放松自在时才能做，因为它使人体不稳且不利于下一步反应。所以一旦这种姿势出现就证明交往双方感觉彼此舒适，值得信赖。

一般来说，在拘束感比较强的场合，开始时人们多采用正式的坐姿，正襟危坐，因为此时心理上有一种无形的约束力在约束自己的行为，使自己的表现显得更正式。商务交流初始，出于礼貌考虑，双方之间会彼此稍稍点头示意，这是一种防御性的姿势。从心理学上分析，其实这时候人的心理并不平静，也缺乏自信。

经过一系列语言及肢体的沟通了解，对谈话对象有更多的认知之后，人们开始逐步融入这个群体，随之身体会逐渐从正式的姿势转变为双腿交叉的随意姿势，互相之间可以询问初始不便公开的问题。这种亲昵态度表明他们逐渐变成了好朋友。有趣的是，这些双腿交叉站着的人经常显现出一种心情放松的样子，谈话也显得相当随意。

由此可以看出，在谈话环节上整个姿势的变化过程，其实是人们的心理变化过程所带动出来的肢体表现。人的心情由紧张到放松，身体也做出了由正式到随意的变化。

研究显示，缺乏自信的人们经常会使用正式的坐姿。感觉自信舒服、游刃有余的人经常会使用双腿交叉的姿势。故此，在信息沟通交流过程中，要想获得更多的有效信息，必须要让你的沟通对象感觉舒服自在，没有心理上的负担。

抖脚人的性格特点

每个人都会有感觉紧张时，尤其是身处陌生环境，处理没有把握的事情，产生对外界无法预知的担忧感和无法掌控感时，因而在心理上会产生一种紧张的情绪。

通常为了稳定紧张的情绪，人们做出一些细微的小动作，比如握紧拳头，紧咬嘴唇，或者不自觉抖动双脚。只要认真观察，就很容易捕捉到。

小飞第一次和相亲对象约会，开始时，两人都没话说，显得稍微有点紧张。桌子下面，他们的脚都在不自觉地抖动着。

"你喝水吗？"为了打破僵局，小飞主动起身给女孩儿倒水，却不小心打翻了水杯。

"对不起，对不起……"

"没关系……"女孩儿也帮忙收拾桌子，气氛一下子活跃起来了。

随着两人聊得越来越多，他们的双腿都换了一个舒服的姿势，脚也不再使劲儿抖动了。

实际上在生活中，你只要仔细观察就会发现，人们都会或多或少地产生紧张感，比如，在会议上的发言者、考场中的学生、初入职场的毕业生等等。

他们都有一个相同的动作——抖动双脚。

从神经解剖学的角度分析，假如我们产生紧张情绪，大脑皮层会通过中枢神经传送一些命令给肢体，肢体会无意识地做出抖动双脚的动作，来缓解神经上的紧张情绪。类似的动作还有握拳、咬嘴唇、吸烟等。

所以假如与人交谈时，无论他的脸部是多么镇定从容，只要对方不停地抖动双脚，就说明他的神经紧张程度一定很高。那么，我们应该注意，是什么让他如此紧张。

假如对方不停抖动双脚，产生紧张情绪，那我们一定要注意了，这可能是被你问到了敏感问题，他不想回答。

或者，对自己所说的话觉得不自信。

再或者，他根本就是在说谎！

假如是第一种情况，那你就要及时反思，是不是问题涉及了人家的隐私？接下来要及时调整问题，不能继续纠缠下去，最好装作不在意的样子，换个话题聊。

假如你说的话占据引导地位，而且所说的是事实，对方听到之后，不自觉抖动双脚，这可能是他心虚的表现。要大胆推测一下，对方的紧张情绪从何而来？也有可能，他接下来会说谎，这时，要多追问几个问题，才能真正看清他的内心世界。

例如，小张和小李在聊天。小张："这个月的奖金可真不少啊，我拿到了整整2000元。你呢？"小李："啊？是吗？我……我也跟你一样。"同时，双脚不自然地出现了抖动。其实，小李拿了3000元，而且据他所知，同事们的奖金基本都是3000元。

原来，他怕打击小张，不敢说出实情。而善意的谎言，也让他很紧张，所以出现了抖脚。小张其实发现了他这个动作，但为了避免尴尬，巧妙地转移了问题。小李轻松了很多，脚部不再抖动。

　　总之，在与人相处中，要想更好地了解一个人，就要多一些认真和细致的观察，通过一个人的小动作，来看出其广阔的内心世界，通过其内心的想法才能真正了解一个人的性格特点，从而为我们自己在生活中争取到更多的优势。

细心观察手部动作，捕捉内心真实情感

我们的大脑是肌体构造中最为复杂的部分，而骨骼结构中最复杂的，是我们的双手。科学研究表明，人类大脑和双手的联系远超身体的其他部位，正因如此，我们的双手才可以做出那么多精细的动作。而双手作为大脑指令的严格执行者，除了完成各项任务之外，也会通过一些不易被人察觉到的方式，泄露大脑的真实情绪。

人类在交流沟通时，双手不是静止不动的。我们的身体会本能地做出各种反应，双手会依照我们的谈话内容和心理活动做出相应的动作和手势。所以只要细心观察手部动作，就可以在一瞬间捕捉到很多内心的真实情感。

善于观察的人总能发现先机。也许你兴致勃勃地打算与别人分享一个好消息，但是还没等你开口，对方却已卜先知。不用觉得惊讶，要做到这点很容易。可能我们自己很难发现，每当我们打算阐述一些观点、表达自己的意见之前，我们的身体就会先于嘴唇做出一些明显的肢体动作，而肢体动作又是透露内心情绪的最佳渠道，所以被人探知内心情感只能怪你的小动作太多。

而这一点恰恰是情报机构探员们克敌制胜的法宝，对于专业的情报机构探员们来讲，一双手所能表达的信息简直超乎你的想象。他们可以通过你双手的色泽、皮肤的润泽程度、老茧分布等细节，进而分析出你的职业和比较钟爱的运动项目。情报机构探员们列举了几种最容易分辨的手：手掌粗糙且比较僵硬的手，属于长期从事体力劳动的人；右手肌肉较发达，指腹有硬茧的是弹吉他的人；双手的手指习惯性并拢，且自然下垂的人一般都当过兵；白皙纤细的手属于妙龄女子，这双手的主人对手会悉心照料，她往往不需要动手干家务，所以手部保养得很好；而靠体力活吃饭的人手上会有很多伤疤，并且肤色不佳；指甲修剪得整齐干净的人往往注重形象，有着体面的工作；满是污垢的指甲则透露出此人对卫生和形象不怎么讲究，生活品质一般不会太高；指甲有啃咬痕迹的人普遍容易紧张，缺乏安全感；缺乏阳刚之气的男人爱将指甲留得很长。

这些细枝末节往往最值得情报机构探员们注意，通过这些细节可以准确地分析出你的职业、经济条件、生活水平，进一步可以探查到你的交际圈、兴趣爱好以及性格特征。

手掌和手指的动作是由肌肉来控制完成的，而肌肉的调动来自大脑的命令。当一个人觉得紧张，或者承受巨大压力时，肾上腺素一类的激素会迅速分泌，从而引起肌肉的反应，体现在身体上就是发抖。这种反应有时来自外部原因，有时则是由我们自身传递出的信号。比如回想起一些痛苦的事情，或者突发一些意外状况，都会出现类似的反应。攥紧拳头一般表示察觉到了危险信号，透露出紧张与自我保护的意识。而恐惧与压力则会引起激素分泌，同时出现身体颤抖的状况。

但是，手部颤抖也不全是因为一些负面情绪，正面的情绪也会让肾上腺素大量分泌。比如我们经常在书本中看到这样的描述："某人兴奋地颤抖着""看到了××之后，××颤抖着双手怎样怎样"……或者我们在打麻将时摸到了好牌，这时手部就会出现细微的颤抖，这是因为你内心太过兴奋所致。

　　所以要想准确判断出对方手部颤抖的原因，首先你必须仔细地观察周围的环境，因为这种肢体信号并不是单一意思的表达。消极和积极的情绪给人带来的冲击有时候差不多，必须要通过外界信息才能分析出造成某些动作的真实原因。当然，手抖也不全是内心情绪的表达，因为很多疾病或者药物后遗症也会引起手抖，比如帕金森病，这就和情绪无关了，纯粹是病理性的动作。

　　探员们的眼光当然更加锐利，病理性的反应也可以让他们判断出一些问题，比如是不是吸毒所致？是否长期酗酒？是否曾经受过某些创伤？我们普通人一般不会如此追问，所以这里提及一下，仅仅作为补充说明。

　　我们所认知的手部动作，多数都是日常生活中的一些表现，吃饭、写字、抓握、捏攥。实际上，还有一部分人会将手部动作应用得更广。

　　比如魔术师，他们吃的就是手部动作这碗饭。很多近景魔术师的双手锻炼得相当灵活，纸牌硬币以及各种道具在他们手中就像长了腿一样，眼睛甚至都无法捕捉，而他们对于手部动作的运用则是带给人们正面积极的影响。观众从魔术师精彩的手部动作技艺中得到乐趣，然后回以热烈的掌声。鼓掌，自然也是手部动作语言的一种。

　　另一种，是讲师、演讲者。一个成功的演讲者从来都不是一本正经地站着背诵演讲词，他们用语言去打动人心，调动起人们的情绪，但光靠语言是办不到的，必须要有肢体的配合。我们经常看到，演讲者讲到精彩处时，用手舞足蹈来形容都不为过。伴随着激情的演说，他们一挥手就能带起一片人潮，一个下压手势全场就鸦雀无声。

　　手势动作用得越多，越容易引起人们的注意。而且怎样协调语言和动作，这也是一门学问。所以从某种程度上讲，双手更像是讲述者，而语言只是配音而已，就好比我们看电影和听广播的区别。手部动作配合语言，除了吸引人们的注意，还可以加强所讲内容的可信度，强化谈话的效果。一些特殊的手势往往还会给人留下深刻的印象。

　　情报机构探员们以为，我们双手的动作在语言交流中起着重要的作用，甚至是不可分割的一部分。有人说，只有语言表达能力差的人才需要手部动作的辅助，其实这才是本末倒置的说法，动作永远是最直观的表达。很多时候一段话都讲不明白的事情，几个简单的手势就可以搞定。多数情况下，语言不是传递信息的最佳方式，唯有动作交流，比如哑语和情报机构特工、特种部队的各种手势语言。

　　生活中有一个有趣的现象。人们在交谈中，都习惯将手摆在桌面上，或者便于对方看到的其他地方。将双手隐藏起来给人的感觉往往不好，会让人有一种偷偷摸摸的感觉；而双手自然摆放在明面上则会让人感觉落落大方。这是一种很奇妙的心理因素，尽管没什么道理，不过为自己着想的话，我们还是尽量保持双手摆在明面上比较好。

　　双手作为我们身体活动最灵敏的部位，所能传递表达的信息太多。我们除了留心观察，也不能太急于求成，先从一些基本的手部动作语言开始了解，然后再逐步深入。

　　情报机构有时会办理一些涉及面较广的案子，通过总结发现，有时候同一个手势，在不同的国家和民族所代表的意思不一样，甚至截然相反。意大利人被认为是最喜欢使用手部动作配合讲话的人，他们在讲话、交谈时，手势语言特别多。而英国人恰巧相反，英国绅士认为，说话时喜欢摆动双手是一种缺乏教养的表现。所以我们作为动作语言的解读者，一定要熟悉这些文化差异，最起码当我们走出国门时，不要闹出这种笑话。只有准确地了解各种手部动作的含义，我们才能更加精准地去分析、判断人物内心的情绪。

谁都无法否认手部动作的重要意义，这不仅仅体现在辅助语言上，下面的章节我们将深入了解更多手部语言。通过手部语言解读人们的情绪和想法，在很多重要的时刻会让我们更有自信。学会这种技能，并且有效地使用，掌握更多信息的人总是更容易成功。

手的"语言"

说到手势，你脑海中最先透露出来的会是什么？是拇指食指相扣的OK，还是饱含恶意的中指独竖？想必有很多吧！每个人都会有一些习惯性的动作，比如与友人打招呼，或者是在球场上拿下一个篮板时表示庆祝，都会做出形形色色的手势。

双手作为我们身体上最灵活的部位，生活中很多事儿都离不开它们。除了帮我们完成一些动作和工作，它还衍生出一套自己的"语言"，在日常交流中，双手同样起着重要的作用。和眼神一样，手势语言也属于肢体语言中的重要组成部分，非常值得我们去探索一番。

对肢体语言最为敏感的人当然是情报机构的探员们，他们每天都在与犯罪分子斗智斗勇。歹徒犯罪手法花样翻新，面对审讯也有各种逃避方式，或者装傻充愣来混淆视听，给探员们侦破案情造成极大的阻碍。情报机构探员们必须寻找更多有效的途径来解决麻烦，等着犯人幡然悔悟主动认罪是不现实的。所以，情报机构探员们对于肢体语言的观察必然要更加敏锐，不论罪犯怎样抵赖，故事编造得多么逼真，情报机构探员们总能看穿一些小动作，从而揭露真相。

我们特意搜集了情报机构探员们总结出的部分手势语言所代表的含义，这些手势都是我们在生活中常见的，或许我们对这些动作都有一些自己的看法，现在不妨来瞧瞧专业的。看看情报机构探员们的解读和你的认知相差会不会很大。

我们中国人打招呼比较随意，除了部分少数民族的习俗之外，没有太多的讲究。两个人假如远远地看见对方，那么双方都会遥遥一挥手；假如是在街上擦肩偶遇，一般都会抬起手掌招手示意；有的年轻人喜欢碰一碰拳头，女生往往习惯摆动几根手指。这些方式都很常见，没有什么特别的意义，通过自己的肢体摆动，发出问候的讯号是我们在遇见熟人时一种本能的反应。

但是，外国人打招呼就比较讲究了。情报机构的资料中显示，欧洲人打招呼习惯用手指，他们会伸出胳膊将掌心朝外，但是手臂不会动作，而是简单地上下摆动手指。他们摆动手掌代表否定，比如不需要、不同意。在西方国家，摆动手掌一般都带有拒绝的意思，有些国家还带有一些侮辱性的含义，所以出门在外还是少做这些动作。

打招呼属于我们向外发送信号，而当我们心里有事时，也会出现各种手势，比如摩擦手掌。这个动作因人而异，有些人是用一只手的手指触碰另一只手掌，有的人则是双手的手掌互相摩擦，也有十指交叉、掌心摩擦。人处于压力下，或者做某些艰难决定时，通常会做出这种动作。情报机构探员们在办案过程中会与嫌疑人进行交谈，当情报机构探员们问及一些比较敏感的问题时，很多有所隐瞒的嫌疑人便会不自觉地摩擦双手，因为他们会觉得合拢手掌可以安定心神，缓解压力。

十指交叉和摩擦手掌无论是放在一起做，还是单个分开，都与焦虑紧张脱不开干系。可能我们在很多影视剧中会看到，一些人十指交叉摆放在桌面上，神情自若，言谈举止显得很稳重。实际上，这个动作在情报机构看来充满了破绽。十指交叉是焦虑的信号，情报机构审讯嫌疑人或者在法庭审判时，嫌疑人常常会做出这个手势。因为他们对自己的未来充满担忧，不知道情报机构是否已经掌握了自己的犯罪事实，不知道法庭会怎样宣判，自己会不会面临重刑惩罚。

但是有一点值得注意，我们在看到十指交叉的手势时，要注意一下对方拇指的朝向。假如对方拇指向上，那含义就不同了。这个细微的不同代表着对方所表达的是一种积极正面的情绪。

分清了代表焦虑和不自信的手势，那有没有表达极度自信的手势呢？也有。情报机构对于手势的研究非常详细，资料显示，一种名为"尖塔式"的手势最具自信。

尖塔式，顾名思义，这个手势与双手合十略有相似，但是手掌并不靠拢，而且手指也是打开的状态，手指指尖会触碰，但不会交叉，做出的形状比较像塔尖，所以一般称之为尖塔式手势。情报机构以为，做出这个手势的人往往有着掌控局势的气场。其手势代表着本人对某件事或某个人有着高度的肯定。这个动作有强调的意味，会给人一种值得信服的感觉。假如在交谈询问时，回答的人做这个动作，那他所说的内容一般是可信的。

我们在生活中假如有工作面试或者商业谈判，可以试着用这个动作。当你内心充满信心时，要有所作为，让其他人感受到才行。

说到这里，有一个肯定所有人都熟知的手势，那就是剪刀手，也叫"V"字手。

这个手势的创始人是英国首相温斯顿·丘吉尔。"二战"时，英国军队在德国战车的碾轧下略显颓势。首相丘吉尔为了鼓舞士气，振奋人心，在一次演说中竖起了食指与中指，就像英文字幕中的V一样。这个手势的含义是victory（胜利），用以号召军民团结一心，保家卫国，和法西斯血战到底。丘吉尔首相一定没有想到，这个简单的V字手势如今已经风靡全球，不分国家和人种，凡是有值得庆祝的场合，就会出现无数这样的剪刀手。

不过有一点情报机构要提醒大家，正确的V字手势是手心朝外的。很多女生在拍照时似乎很喜欢别具一格地将手背外翻，这个动作假如放在英国和新西兰、澳大利亚这些国家，可就变了味道，成了一种赤裸裸的侮辱信号。

有一种手势带着浓浓的中国风，并且男女有别，这就是我们中国戏曲舞台上的一种特色手势——兰花指。舞台上的花旦随着唱腔摆开台步，三指握向掌心，尾指翘起，唱段娓娓传来，台下掌声四起。这个手势通常被看作女性专利，女性做出来总有种别样风情。男人阳刚之气过盛，自然不适合这种阴柔的手势。假如是女性做出这个手势，会给人一种娇媚温婉的感觉，但是一个男人摆这个手势的话，一定会招来白眼无数。

相比兰花指的柔媚，圆圈手势就阳刚得多了。这个从19世纪由美国风靡世界的手势，如今依旧被人们喜欢。食指与拇指指尖相碰，其余三指微屈，代表着"一切正常""没问题"等意思，人们都喜欢看到这个手势，这代表着一切顺利。

手势语言多种多样，一根手指往往也能隐藏着多重含义。五指之中拇指最短，但拇指却是最重要的，几乎所有需要手指完成的工作都离不开拇指的协助。竖起大拇指这个动作我们都有做过，这个手势代表着认可、赞扬，是一种非常自信的肢体语言。我们对别人竖起拇指，这说明对他人的评价很高，给自己竖起则是一种强大的自信体现。

拇指的朝向影响了表示的意义，与打招呼的手势一样，不同的国家对竖拇指这个动作的解读都有所不同。

　　向上竖起大拇指在多数国家都是正面评价的象征，意味着赞许和表扬。唯独澳大利亚看法不同，这个动作在他们国家是非常粗野的动作，往往带有贬义。假如是用竖起的拇指尖指着某个具体的人，那问题就更大了，这被看作一种嘲弄和鄙夷。我们平时理解的负面表达是拇指向下，而澳大利亚人与我们正好相反。除此之外，在美国和法国这些国家，向上竖起大拇指也可以用于打车，就和我们看到出租车招手一样。

　　大拇指摆放的位置也有特殊的意义。我们经常会看到，明星模特们在拍摄照片时会摆一些造型，比如插兜这个动作。但是明星们不是整只手掌插进兜里，而是只把拇指放进去，其余的指头留在外边。不考虑时尚因素，从肢体语言来讲，这个动作其实是一种没有自信的表现。

　　除此之外，大拇指经常还会配合其他手指做一些动作，比如和食指相互摩擦捻动。中国人一般都会理解这个手势，这是要钱的意思。电影里经常可以看到，当主角向人咨询什么问题时，对方往往会伸出手做这个动作，意思是："想要答案可以，你得给我一些好处。"做这个动作的人往往社会地位比较低，喜欢占一些蝇头小利，不受人尊敬。这个手势本身也不讨人喜欢，会让人反感。

　　手指能表达出很多信息，不管是单根手指还是相互配合，都可以传递出各种不同的意义。在工作生活中，这类手势用语其实非常多，只是我们习惯于语言交流沟通，往往忽略了这些肢体语言。经常留意你会发现，手势很多时候比口头语言更简洁，也更准确。

握手蕴含的不同意义

握手是一种普遍的礼仪，但其所蕴含的意义又不尽相同。人与人之间的握手是一种友好的交流，是含蓄而热情的情感表达，可以拉近双方的关系，互相加深了解。身份不同的人相互传递的是不一样的信息。身份高的人表达祝贺，以资鼓励；身份地位略低的人则是尊敬、仰慕。公司领导之间的握手代表着合作、共赢，国家元首的握手则象征着和平、友好。每个人所面对的握手对象不同，所以每一次握手都要做到恰如其分，有了一个良好的开场，接下来的谈话才会顺利得多。

其实，握手这个动作在很早以前，并不像现在这样充满了热情与友好。早期社会的人们面临着多种多样的危险，所以这个动作在那时候是一种充满戒备的试探。握手双方都想试探对方是否带有敌意，而伸出的手则尽量地传达着善意，并且表明自己没有携带武器。所以那时候的握手远不如现在这么熟稔亲近，为了安全起见，那时不仅是握手，还要互相伸手到对方的手腕。

随着历史的变迁与社会的发展，这种要摸到手腕的握手方式最终被淘汰，毕竟握手的初衷是好的，这样做往往会给双方蒙上一层心理阴影，产生隔膜。所以人们逐渐改变了握手的方式，观念也做了一些转变，从以往紧张的戒备变成了现在的迎接示好。并且，在握手的细节上也做了一些改动，让这个动作变得更友好。那时候，人们并不是握一下就立马松开，两人两手相握时还会摆动。

当时使用这个动作的主要是商人，商人为了自己的生意可以经营得更好，他们会通过相互之间握手来接洽，为了利益热情地摆动着手臂。这种情况一直持续到20世纪末，握手这种礼仪方式逐渐被上流社会和贵族认可并采用，最终演变成了流传最广的礼仪动作。

不过，我们在与人握手时，往往更多关注对方的面部表情，而忽略了彼此的手部动作。实际上，握手方式的不同和手部动作的细节，才是我们应该注意和思考的。

情报机构曾经专门针对握手进行过研究，研究结果表明，一个人的握手方式与他本人性格之间有着紧密的联系。比如有的人握手时大方、自然，而且手部动作有力，充满了热情；相反，有的人则显得畏畏缩缩，手上没有什么力道，显得心不在焉。所以通过握手的力度和握手时的一些行为举止，我们可以具体判断出对方的性格怎样以及双方接触时对方的心理活动。假如这是在商业合作上，这轻轻一握的意义就变得重大了起来，会议结果怎样与你握手时掌握到多少信息有着密不可分的关系。

有的人握手时用的力气很大，甚至会让对方觉得疼痛。我们略过那些故意使坏的案例不谈，仅分析一下无恶意的人为什么会用巨大的力量和人握手。这类人一般性格很开朗，同时也自信满满。在他们看来，假如握手没有力气，那会显得十分没有诚意，所以他们在握手时格外用力，生怕你感受不到他们的诚意。结果，握手的人没感觉到诚意，反而受了皮肉之苦。情报机构的研究人员通过对志愿者的实验发现，这一类人往往自我意识比较强，很多时候会忽略他人的感受。但是他们待人是真诚的，比较耿直，不会隐藏自己的情绪，只是因为力气过于大，反而破坏了握手的初衷。

反之，握手时不使力气的人，大多比较含蓄，不会将自己的真实情绪轻易显露出来。这种人往往内心敏感，他们可以很好地掩藏自己的情绪，并且与所有人都保持适当的距离，和每个人都能友好相处。不过，因为他们太过于隐藏真实的情绪，所以和所有人都有着潜在的隔膜，尽管表面上可以相处得很融洽，但是别人走不进他们的内心世界，他们自己又比较抗拒他人的亲近。久而久之他们会给人一种冷漠的感觉，从而人际关系逐渐疏远。这类人的性格决定了他们的做事习惯，那就是缺乏主动性。假如遇到什么难以解决的情况，首先他们会想要依赖其他人，自己总是习惯性地退让、逃避。

你可以找自己比较了解的朋友试一试，感觉一下他们的握手是那种喜欢大力气握的，还是轻描淡写碰一碰就松开的。除了在力气上有所差异以外，握手的方式也是我们观察的目标之一，比如，你是否遇到过一握住手就不放开的人？

在情报机构看来，这类热情过度的朋友一般为人比较温和，而且情绪化。他们的情感世界很丰富，喜欢帮助别人，十分友善。这种热情表现在方方面面，假如你遇到一些困难需要帮助，这类人会毫不犹豫地给你提供你所需要的一切；假如你有难以抉择或者无法解决的问题，他们会认真地倾听，并且适当地给出自己的建议供你参考，站在朋友的立场帮助你做一些决定。总的来说，这种人很适合做密友，他们感情丰富的同时也不缺乏敏感，很多时候确实能够给到我们一些实际的帮助。当然了，他们这种握手方式也仅仅适用于熟识的朋友，对于陌生人而言，这种热情无疑是有些过度了，尤其是对于女性，可能还会引起一些反感。

此外，有的人握手属于主动型，有的则很被动。陌生人初次见面，有的人会主动地去握手。这种人比较容易分辨，他们具有十分鲜明的性格特征，那就是直爽。这种性格透露在其他方面也是如此。他们说话会很直接，从不藏着掖着，哪怕说出的话会让人难堪甚至不悦，他们也不会遮遮掩掩。当然，这类人内心里不存在恶意，只是性格使然。对这种人而言，他们看待握手和第一类大力握手的人相似，都以为这是一种表达真诚的动作。假如不主动，他们会觉得有些失礼。

但是更多时，他们的这种有礼在别人看来才是真正的失礼。比如在跟领导、长辈、女士这类人握手时，我们应该等对方先伸出手，然后再握上去。并不是我们主动抢着去握手才代表真诚，握手毕竟是社交礼仪，我们也应该遵循标准办事。否则很可能我们带着一腔热情做出的动作，落在别人眼里却留下一些不好的印象，这就得不偿失了。

这四种握手方式是我们平时最常见的，也是最容易出现问题的。示好也有一些细节，我们不能太过莽撞，不然用力过猛却适得其反，最后自己还不明白哪里出了问题。除了力气大小和主动与否，握手这个看似简单的动作中，还隐藏着一些不易察觉的小细节，这些细节往往最能体现一个人的性格和心理活动。

情报机构在观察中发现，握手的一方假如将手心微微朝上，所体现的就是一种顺从的意味，是将自己的地位放低的表现，就像高举双手传达出无害的信息一样。但是人们会因为这种小变化而觉得安全，在心里留下比较好的印象，所以尽管这看起来似乎是自降身份，但其实，却可以赢得别人的信任。

与之相反，假如握手时喜欢将掌心向下，那这类人八成是领导，或者有一定身份地位的人。情报机构经常会接触到很多政要高官，所以深有体会。这类人大多数都习惯于展现自己强势的一面，哪怕是简单的握手，也要用"压制"的方式来显示自己的权威。面对这种情况，我们只要做到进退有度、不卑不亢就可以了。

假如我们在握手时遭遇了对方无礼的敌意时，也不需要太过退让。情报机构教你一招，轻松化解对方的强势，变被动为主动。

制胜方法在于手脚协调。等对方主动伸出手之后，你给出回应的同时将左脚向前迈出一步，然后右脚也跟着向前。这时，你的整个身体就进行了前移，在心理学中，我们此时已经进入了对方的私人空间。除此之外，随着我们的前移动作，我们的身体应该呈现出微微的前倾。如此一来，便可轻松化解掉对方所展现出的强势。

很多时候，开场的握手会决定往后的事态进展。假如只是普通的礼仪性握手，那就大可不必费此周章。但是面对一些刻意的挑衅时，我们也不需要一味退让，该反击就反击。情报机构探员们在办案时，经常会遇到一些趾高气扬的人，假如前期不能将之压制，或者展现一定的力量，那么后续的很多事情就无法顺利进行。

不过，是否采用强硬态度，还是根据场合做出准确的判断，不要贸然使用。

手臂，被忽略的"功臣"

人们在依赖双手完成各种动作时，经常会忽略另一位"功臣"。就好像舞台上的演员永远都是光彩夺目，而幕后人员从来不会显出真容，假如说双手是那鲜亮的演员，手臂则无疑就是幕后的人员。人类从进化到直立行走开始，手臂就一直在扮演着苦力的角色，比如像搬卸重物，投掷石头，抓鱼摸蟹，等等。除此之外，手臂还有着敏锐的护主意识，当我们身体遭遇危险时，手臂总是第一时间做出反应，保护我们的头部或其他重要部位。

在肢体语言当中，手臂经常被人忽略。更多的人会选择关注双手，从而遗漏了这个幕后角色。与其他部位一样，手臂也可以向我们传达一些内心情感。语言可以作假，表情可以伪装，但手臂不会说谎，它所传递的线索是值得我们信任的。

手臂尽管不像双手那样灵活，但它也非常活跃。假如有人刻意限制了手臂的动作，就该引起我们的警觉了。在情报机构肢体语言理论中，这种情形叫作"手臂冻结"，常见于曾遭受虐待的儿童。遭受过虐待的儿童会产生恐惧心理，潜意识里手臂动作太多的话，会容易引起别人的注意，而被人注意到则是遭受虐待的原因。所以儿童的自我保护意识会做出反应，他们会主动控制手臂的动作，力求不引起别人的注意。

除了自我保护的儿童，成年人也会有这种情况发生，只是原因不尽相同。

　　成年人限制手臂动作，在扒窃者身上很常见。新泽西的一位探员，曾经通过肢体语言辨认出多名小偷，并且在对方刚刚出手时就将其拿下，人赃并获。这位探员向人们说起这件事时显得很自豪，他以为，假如不是熟知肢体动作语言，他也无法从来来往往的行人中辨认出那些扒窃者。

　　那么，这些小偷他是怎样发现的呢？

　　这位探员表示，其实很简单。他首先会在扒窃案件多发的地点进行观察，通过观察行人的动作语言，从而进行分辨。在这位探员看来，要从人堆里抓出一个小偷，并不是一件困难的事，因为只要你观察得仔细，就很容易发现他们。这些人和普通行人的动作差别相当大，探员回忆当时的情景，解释说："这类人在人群中总喜欢四处张望，他们的动作很慢，不会急匆匆地走动，而是好像逛街一样，在人群里面穿行。他们在没有选定目标以前，手部动作非常少，好像在刻意地遮掩，不希望引起别人的注意一样。其实，这种情况更容易引起我的警觉。四处张望是在选择偷窃对象和观察逃跑路线，以及看周围人是否关注到自己这一边；而刻意限制手臂动作，是他们的一种本能反应，希望自己不会被人注意到。"结果恰恰相反，这些自作聪明的扒手被情报机构探员先一步识破，在他们动手犯罪时就被一举擒获。

　　情报机构研究发现，人类大脑边缘系统的第一反应会促成手臂动作，所以手臂的反应在很多时候是最及时的，同时，它也是最诚实的。新泽西的这位探员之所以可以敏锐地洞察先机，就是因为小偷主动刻意的一些动作违反了身体的自然反应。相比可以伪装的面部表情，手臂动作传递的内心信号则更加可靠。

　　前边我们提到了一点：手臂在紧急状况下，会主动地保护身体。这个反应的真实含义应该是：保护重要的"部分"。这个"部分"可以是我们的身体，也可以是其他事物。

在海关工作了6年的卡尔，今天又协助缉毒警察抓捕了几名企图携带毒品入境的不法分子。卡尔是一名海关检察员，负责检查入境人员的随身物品。多年的工作让卡尔积累了丰富的经验，他的眼睛甚至比X光还要敏锐。卡尔说，凡是携带违禁物品或者是贵重物品的人，都会特别紧张自己的包裹。尤其是靠近检查台时，他们都会紧紧地抓住自己的包裹。

在情报机构探员们看来，手臂自然保护的不仅仅是身体的重要部分，还有不愿让人发现的秘密以及贵重的物品。所以当我们看到有人手臂呈现一种不自然的状态，与身边人的手臂动作相比特别少时，我们就可以判断出，这个人应该是携带有什么贵重物品，或者心中藏着事情，不愿与他人多交谈。

我们的情绪一般由手臂的动作幅度来传达。当我们心情愉悦时，会充满激情地挥动手臂；当我们情绪低落，觉得沮丧时，那手臂也一定是耷拉下来的；当我们受到身体或内心创伤时，手臂会保持下垂，或者交叉护在胸前。比如，领导突然召集所有员工，提示大家要涨工资，并且安排全体旅游，这时，所有人都会激动地大声吼叫，高高举起手臂舞动欢呼。而下一秒领导说，今天是愚人节，开个玩笑，我们亢奋的心情会跌落至谷底，手臂无力地低垂下来。

情报机构探员们认为，手臂所能表达的内容远比我们想象得多。除了可以传达情绪，它也可以像手势语言一样，表达各种不同的含义，比如像很多日常信息：过来、再见、停下等等。和手势信号一样，手臂语言也可作为通用语言进行交流，只是，我们需要先搞清楚个别国家那些特别的风俗习惯。

　　很多人应该都有抱着膀子的习惯吧？也就是将手臂交叉于胸前，多数人只是觉得这个姿势比较舒服，没有什么特别的意思。

　　交叉手臂这个姿势，在情报机构探员们看来是一种自我防卫的动作。可能我们自己并不会意识到这一点，因为我们在做很多事时，都是由边缘系统下达指令，而非有意识地大脑加工。我们将双臂交叉置于胸前，这代表着我们对一些事物持有否定态度，本能中带有一些抗拒的意味。比如一群人商议去某个餐厅吃饭，假如你对大家的提议不是很感冒，这时候你就会将手臂交叉，试图给自己找一个舒服的姿势来缓解心情。

　　情报机构以为，凡是具有自我保护形态的动作，一般都源自人类的本能。当我们还处于少儿时期时，一旦发生危险，我们本能地会找一些强有力的掩体来进行躲避，比如桌椅板凳或者家长。这是因为我们意识到无力对抗，所以选择了一种自我保护措施。等我们逐渐长大以后，遇到突发情况时，我们不用再往别人身后躲藏。最早我们会将手臂前伸，做出抵抗姿态的同时，由手臂来承担危险，从而保护我们自己。随着年龄的逐渐增长，以手臂进行自我保护的动作已经进化得不甚显眼。双手交叉在胸前，这就是把自己的手臂摆放在最前面，用于抵挡可能会出现的危险，自己躲在手臂之后，从而达到自我保护的目的。除此之外一点佐证就是，我们的前胸是重点区域，当我们交叉起手臂时，其实也是将心脏和肺这些重要器官保护在了后边。

　　不过，太过注重自我保护的人，在别人看来总是有些难以接近，挡在我们胸口的手臂往往也会挡开别人的热情。双手交叉这个姿势是中外通用的，人们普遍将其理解为抵御、消极和否定。不过，动作尽管都是双手交叉放置胸前，但方式还是有所不同。正如我们前边所讲，所有的动作都有其独特的含义，情报机构探员们恰好是解读这些动作的专家。

我们常见的双臂交叉有抱拳式、握爪式以及拇指外露式，这三种动作都蕴含着不一样的意义。

抱拳，首先这就是一个具有攻击信号的动作。情报机构探员们认为，假如一个人双臂交叉时，双手不是自然摆放，而是攥成拳头夹在腋下，既代表他具有明显的防御倾向，还会伴随强烈的敌意。这种时候他的面部表情也会露出一些变化，还容易呈现出攻击意义的嘴唇和脖颈。情报机构探员们在追捕疑犯或者紧张谈判时，一旦犯人摆出这个动作，那意味着很可能会发生一些冲突性事件。所以在这种情况下，我们首先要做的是安抚情绪，尽量减缓对方的敌意。假如并不清楚对方的敌意来源，那就需要我们在安抚的同时，快速观察环境，以便于找到导致对方产生敌对心理的缘由，从而有的放矢，逐步削弱这种敌意。

握爪式交叉双臂是不带敌意的。这种动作往往是当事人在极力地控制自己的情绪，一般出现在遭受重大打击时。当事人摆出这个姿势，是为了给予自己些许安全感，双手同时呈爪状，紧紧抓住两侧的手臂，并且会随着事态的发展而用力。当我们身处一种危险之中，但是自己又没有一些好的方法去缓解、抵御时，交叉的双臂会给我们自身一种类似于拥抱的安慰，并且随着手指用力的程度加深，提供更强有力的支持。这是一种增加自我安全感的动作，在自我保护的同时，往往伴随极其强烈的负面情绪。比如当我们的亲人发生意外，在恐惧与担忧的同时，我们还要给自己力量，并且从心底抗拒一些坏的情况发生。

拇指外露的交叉方式则充满了正能量。我们在之前的章节已经知道，拇指朝上的意思是鼓励、赞扬、认可。配合自我保护的交叉双臂时，意味着对自己有着极大的自信，对于即将发生或正在发生的事物持肯定的态度。双臂交叉代表的防御意义在这里是一种镇定的表现，朝上的拇指恰恰吻合自信。假如有人向你做出这个动作，这也代表着对方对你的认可。比如当我们在推销产品，或者在应聘中推销自己时，对方出现这个动作就意味着你的推销接近成功了。

对自己的各方面都充满信心的人，总会以一些不着痕迹的姿势和动作向外人传递这个信号。他们交叉双臂是不想让他人发现弱势的一面，而竖拇指则代表着每时每刻都把好的一面呈现在外。这种人可以控制自己的情绪，并且清晰准确地分工进行，该掩饰的掩饰，该呈现的呈现。在外人看来，他们随时都是自信满满、镇定自若的。

手臂除了作为自我保护的利器，还可以成为"占领"的标记。

当我们外出就餐，遇到食客众多，空位难寻的情况，好不容易看到一个空着的座位时，走近一看，旁边的人将胳膊斜搭在空着的椅子上，我们就会意识到，这个位置是别人的，是被人认领了的。这种"抢地盘"的行为往往能体现一个人的自信程度，自信的人抢地盘的成功率就高于不自信的人。不自信的人会觉得不好意思、尴尬，不敢向外发送"这是我的"这种讯号。而从自信的人身上我们可以发现，他无时无刻不在"占领"，并且时刻宣告他的占有权。除了占座位，有的人喜欢和女友手拉手，有的则喜欢将手臂搭在女友肩上搂着对方。尽管都是亲密动作，但用手臂搂住肩膀就明显要比手拉手强势一些。

手臂动作作为强有力的肢体语言，捍卫领地自然也有不同的方式。情报机构探员们发现，表达"占领"的手臂动作有三种，分别是双手叉腰、伸展手臂和双臂环抱脑后。

双手叉腰这个动作总是容易让我们想到骂街的女人。那些女人不但双手叉着腰，双腿也会打开，挺直上身一骂能骂一上午。这种姿势本身就具有一定的攻击性，双手叉着腰，我们的肘部会向外凸起，并且占据更大的空间，以攻击性震慑别人的同时，通过占领更多的空间阻止别人进入自己的私人范围。

同样的动作，不同性别做出来有着不一样的效果和含义。男人双手叉腰以显示自己的阳刚之气和强势。在商业谈判或者训诫下属时，这种动作经常会有种提升威严感的作用。而女人则有一些其他意思。广告片和杂志封面的模特经常会做双手叉腰的动作，在展现女性魔鬼线条的同时，尽显服装的魅力；而职场上的女性假如习惯于双手叉腰进行沟通，其威慑力其实会多于男性，有种"没有什么驾驭不了"的强势意味。这类女性也以女强人居多，生活中和工作中基本都是一个样子，气场强大，能压服下属。

讲话习惯用伸展手臂来表示强调的人，对于话语权比较看重。手臂伸展的动作表示他对听众的"占领"，这是宣告主导地位的一种动作。情报机构以为，伸展手臂这种行为传达的是讲话者对话语权的要求，这是来自我们大脑中的边缘系统的信号，所表达的潜在意义是"我说的是对的""听我说"。伸开手臂的范围昭示着讲话者的自信度。比如有些人会越说越激动，手臂甚至会像老鹰的翅膀一样伸展，这表示他对于自己的讲话非常自信，对于自己主导地位很认可。相反，当这个人所说的内容被人质疑、反驳时，假如他无法快速解决这些麻烦，那自信度就会迅速降低，手臂伸展的幅度和范围也会相应地缩小。假如你身边有这种讲话喜欢伸展手臂的朋友，那么最好别刺激他，由他主导好了，假如仅仅是普通聊天和没有实际意义的争论的话。

　　双臂环抱脑后这个动作和双手叉腰差不多，在国外的社交活动中比较常见，一般表现在男性身上，女性则很少做出这个动作。身体倚靠在椅背上，双臂交叉于脑后。其实，这个动作会给人一种不太好的感觉。情报机构探员们以为，这种动作类似于眼镜蛇捍卫自己的领地，双手抱头象征着警告其他人。但我个人认为，这个动作应该是存在地域差别的。我们在生活中很少见到这种动作，做这个动作的人往往会让人感觉没有礼数。旧时代的流氓混混似乎就是这个坐姿，不管走到哪里，只要有靠背，都会倚靠下去，双臂环抱在脑后，同时跷起二郎腿直晃悠。尽管让人讨厌，不过从某种程度来讲，这也算是一种占领空间的表达，就好像在跟人说"我是流氓，我来了，都离我远点"，主要是控制力的体现。

　　手臂作为我们身体的重要部位，既有防御的能力，又能体现出攻击性，可进可退，游刃有余。而且，大多数人对于自己的手臂语言不了解，这也是我们的机会。手臂语言的信号传递往往是非常直观的，这个人心态怎样，情绪怎样，都可以通过观察手臂的动作一目了然。

摆放双手的姿势说明了什么

在影视剧中，怎样分辨哪些是权倾天下的大人物，哪些又是路人甲？高手对决时，为什么有的人看起来器宇轩昂、威风凛凛，而有的人一眼看去就知道是个菜鸟？黑社会进行谈判，怎样从一堆凶神恶煞的人之中准确辨认出谁是老大？

这几个问题相信大家都有各自的答案，我们都会结合自身的经验和阅历，从某些细节上辨认出谁是主角，谁是配角。而在辨认的过程中，行为动作往往是确认身份的主要参考因素。

我们在本章中学习了很多手部动作语言，基本可以看出一些手部动作的含义。而本节要和大家探讨的，依旧还是手上的内容。只是从手指、手臂的动作变成了双手的摆放姿势。怎样摆放双手？你会正确地摆放双手吗？你知道一些人双手摆放的姿势说明了什么吗？不知道没关系，我们跟随情报机构的视角，一起去探索一番。

首先出现的是一个大家都非常熟悉的动作——双手放在背后。大部分人应该在小时候被老师要求过双手放在背后。一个班的学生双手统一放在背后坐在凳子上，自然是整齐划一，视觉效果好。而且，小学生一般自我控制能力比较差，在课堂上坐久了就会没有耐心，做一些小动作。双手放在背后则是避免学生在上课期间打闹嬉戏的有效办法。

这里的双手放在背后没有任何深意，因为我们是被动地做出这个动作的。所有与内心情绪有关联的动作都是由我们自主做出的。

将双手放在身后这个动作，我们一般都会以为这是一种思考的动作，比如古人一想要吟诗，就会将双手放在身后，踱着步子开始思考；须发皆白的高人在参悟晦涩学问时，也都是双手放在背后。所以，我们都习惯将这个动作和思考、考虑、沉思联系在一起。

但事实总与我们的想法有一些出入，情报机构探员们指出，无论是何种身份或地位的人，做出这个双手放在背后的动作时，一般有两种内在意思：第一种，双手背后具有权威的象征，隐隐散发着力量与自信；第二种，包含了遭遇挫败和阻碍时的愤怒。

情报机构将上肢动作语言分成了手指、手掌、手臂这几种类型。而双手摆放正是手掌姿势语言中的一种，情报机构的研究发现，双手放于背后，手掌在身后紧握，同时昂首挺胸，将头部微微抬起，这个动作向外发送的信号是极其强势的，代表着主宰与控制的力量。我们在影视剧中所看到的那些古代帝王，基本都是这么一副模样。不过不得不承认，当那些人摆出这个动作时，确实会显露出一种特别的气质，无时无刻不在表达着"王者"的概念。

权威、自信、力量，这三点几乎是每一个强大领袖的特征。无论是古代帝王还是商业霸主，举手投足间的一个细微动作，都可以将以上三点表现得淋漓尽致。

为什么说这些人自信？我们的手臂是身体上反应最迅速的肢体，一旦遇到危险就会快速地保护身体的重要部位。而双手放在背后这个动作正好是将保护身体的手臂移到了身后，却将咽喉、心脏、腹部这些脆弱的部位暴露了出来。假如没有相当的自信和力量，很少有人敢如此显露自己的勇气和气魄。除此之外，尽管这个动作将身体的弱点暴露了出来，但是却将双手隐藏了起来。这样一来，别人就无法通过他双手的活动来推测其内心的想法，而看不见的威胁往往要比明面上的危险强大得多。这种神秘感的营造，也是震慑他人的一种手段。

我们看武侠剧时会有这种画面出现：两个武林高手对垒，一个刀剑在手，身体摆成特定的进攻或防守姿势，脸色严肃，神经紧绷；对面往往站着一个绝顶高手，不持剑，不握刀，甚至都不做一个要打架的姿势，而是双手放于身后，昂首挺胸，笑意盈盈，就差把"我站着，你随意，有本事打死我"这几个字写在脸上了。饶是如此，剧中的紧张一方总是不敢出手，害怕对方隐藏着什么杀招，中什么圈套。实际上，对方可能没有任何隐藏的杀招。

也有人对这个动作嗤之以鼻，看到身边的人做这个动作时，会鄙夷地评价：故作高深。

不管人家是不是"故作"高深，在我们固有的思维当中，已经本能地将双手背后这个动作"高深"化了。所以看的人觉得这是一种自信、强势的表现，而做的人，也是将这个动作作为一种向外表现权威的方式。

情报机构探员发现，自己身边的同事当中，有很多人在没有武器时，都喜欢做出这个动作。哪怕是平时弯腰驼背的人，一旦做这个动作时，都会极力地昂首挺胸，将自己最雄性的一面展现出来。而当他们配枪时，一个个都没了这种挺直腰杆的气质。这是因为，带武器时，枪械本身就是绝对武力的体现，会给自己安全感，给别人以威胁。而没有武器在手时，安全感明显缺失，所以他们需要一个能表现力量的姿势。

军官将领往往都是双手背在身后，谈笑自如，泰然自若。小兵都是背着枪，眼神戒备。将领们这种行为就是无声地昭示着自己的崇高地位与绝对权威。

　　上边说到的内容，基本都是一个动作透露出无限霸气的人，个个威风凛凛、不可一世。但不要忘了，还有一种人，尽管也是双手背后，但与前边的人相比，内心情绪就差了十万八千里。

　　我们不要忘了一个细节，显示权威与自信的人，双手背后时，手掌是紧握的；而那些心中充满着挫败感和愤怒的人，藏在背后的一只手会抓着除此之外一只手的手腕。就是这一个细微的差别，所表达的意思就天翻地覆了。这些内心挫败的人是通过这个动作来寻找自我控制感，紧紧握住另一只手的手腕或手臂，是想要倚靠手臂的力量去抵挡外界的伤害，释放的是一种抗拒的意思。

　　情报机构对这种动作表现的愤怒做出了一些划分。探员们发现，当一只手抓着另一只手的手腕或手臂时，所抓的位置越高，就代表这个人的负面情绪越强烈。假如一只手都快抓在另一手的臂弯了，这种时候我们最好不要去招惹对方。这个动作代表着对方在极力控制自己的情绪，抑制汹涌的愤怒，试图掩饰内在的情绪。

　　假如我们在生活工作中遭遇了不顺心的事，不自觉地做出这个动作时，我们可以试着做一些改变，比如将背在身后的双手解放出来，从抗拒的姿态中抽离，转换成接受的动作。相信这会让你感觉到一些自信，同时还能缓解内心的焦虑。

揭露谎言的手部动作

在一些时候，一个人是不是说了真话，有没有撒谎，其实很容易识破。可能谎言编造得非常完美，配合谎言的一些细节也做了伪装，那么，情报机构探员们是怎样识破各种谎言的呢？答案依旧是动作语言。

有些人以为，使用动作语言来解读内心、辨别真伪，从技术上来讲是不太现实的。人类的动作那么多，每个人都可能不一样。一部分人以为单凭面部表情和肢体动作就可以判断出别人是否说谎，并不现实。但其实，情报机构探员们不但坚信肢体语言的可信，并且确实通过这些动作破获了无数案件。而且，情报机构还将各种动作语言做了准确的编撰和标记，大力推广。

我们这就去看看那些揭露谎言的手部动作。

情报机构的研究报告告诉我们，人类的很多行为是由边缘系统的反应来控制的，而不是主管思考的大脑，而边缘系统的反应更接近于本能，更真实。所以打算说谎的人一般都会刻意减少一些手部动作，想要尽量地保持一种镇定的外表，有意控制身体的动作。但恰恰是这种异常反应，往往会引起情报机构的警觉，从而揭露事实真相。人们在表达观点和陈述事实时，为了更具真实性，让人信服，手部动作往往特别多，同时伴有激烈的面部表情协助作战，目的就是加以强调，让听众觉得真实，最后相信。而说谎的人则恰恰相反，他们担心过多的动作会暴露出来什么，所以选择尽量减少动作，殊不知，这正好违反了人体的正常反应，最终自露马脚。

芝加哥的一位情报机构探员曾经接到报警，一个女人在电话中告诉他，自己的丈夫被歹徒绑架，情报机构探员们迅速赶到现场了解案情。报案女子冷静地跟情报机构探员们叙述案发经过，条理清晰，描述得非常仔细，并且还带着情报机构探员们到案发现场进行了勘查。在整个过程中，女人都显得特别谨慎、镇定，这一现象反倒让情报机构探员们疑惑起来。按照常理，普通人在遭遇突发情况之后，情绪通常都会失控，尤其是自己的亲属面临着生命危险时，崩溃的情绪会让她们大吼大叫、歇斯底里，导致语言表达能力减弱，不得不使用各种激烈的动作去配合讲述。而报案的女人却全然没有这种反应，无论是表情还是动作，都显得很有条理、很收敛，没有出格的地方。但情报机构探员们还是在交谈的过程中，发现了女人的一个小动作。那就是每当情报机构探员们谈起案发时她在做什么时，女人总会下意识地将一只手盖在另一只手上。尽管言辞间没有什么问题，但这个小动作还是让探员判断出，这个女人没有说真话。

情报机构探员们明确地表示了对她的怀疑，并且针对她所提供的内容做了多次询问，最后甚至动用了测谎仪。最终，女人情绪崩溃，再也无法控制情绪，向情报机构探员们承认了自己亲手杀死丈夫的事实。在这个案例当中，女人先是刻意地限制了自己的肢体动作，而后又无意中做出一些不起眼的小动作，从而引起情报机构探员们的注意，最终谎言被揭穿。

在生活中，我们都会遭遇一些谎言，有的人在说谎时可能不会出现上述行为，那我们该怎样判断他是否说谎呢？我们从情报机构整理的常见说谎动作中摘录了几条，都是生活中比较常见的例子，供大家参考。

第一，揉眼睛。眼睛作为心灵的窗户，本身也是各种内心情感的传达室。有的人在说谎时，下意识地想要避免自己的眼神接触对方的视线。而且，揉眼睛这个动作，本身就代表着大脑不希望眼睛看到一些不喜欢的事物。

在揉擦眼睛的同时，还会伴有将脸转到一边的动作。男女都会有，唯一的区别就是男人会揉擦眼睛，转脸；而女人不会那样大力揉擦，最多是用手轻轻触碰眼睛的下方。一方面是女性很少做出和男性一样粗鲁的动作；另一方面，女性要为脸上的妆容负责。

所以当有人在和我们说话时，不住地揉擦眼睛，或者在触碰眼睛以后将脸扭向一边，避免与我们正面接触时，对于他说的内容我们就要仔细推敲一下了。

第二，摸鼻子。我们在面部动作那一章提到过这个动作，摸鼻子这个动作代表着讲话者内心紧张、思维阻滞，摸鼻子是为了转移注意力，从而缓解紧张的心情。这个定义在这里依然有效，只不过要加一点。那就是，摸鼻子所代表的紧张，往往伴随一些不好的事情，或者是他不愿为人所知的事情。

在我们的日常行为动作中，摸鼻子是比较普遍的了。有的人是快速触碰，有的人会像擤鼻涕一样来回摩擦。在医学研究中发现，人类在说谎时，鼻腔的神经末梢会被刺痛，之所以摩擦鼻子，是为了减缓这种感觉。但这些研究的可信度有待确认。而情报机构的说法是，试图说谎的想法进入大脑以后，大脑本能的反应是拒绝，所以会发出信号，由手去阻止谎言说出来，手会做出掩嘴的动作，但是这个动作又显得太过明显，所以就会顺势摸一下鼻子，一带而过。

这两种说法都是可以参考的，谈话时，摸鼻子和掩嘴的行为都意味着话语的真实性有待考量。至少，当我们交谈时发现这种状况，最好多询问一下。假如是我们说话的过程中有人做这些动作，这表示这些人对我们的说法也有一定的怀疑。假如我们不是刻意说谎，最好停下来交换一下意见，看看对方是否有别的看法，来验证我们所说的内容是否有不真实之处。

第三，抓挠耳朵。作为五官的一分子，耳朵在测谎中也有出力。抓挠耳朵这个动作一般代表着我们不愿意去听取一些内容，比如小孩子听到一些刺耳的声音会本能地捂住耳朵。这是大脑不愿让一些不好的声音传入耳朵，因而发出的一系列命令。我们成年之后，一般听到某些不好的事情时，也会有下意识做抓挠耳朵这个动作。

拒绝听，不愿意去听，这表示我们对某些问题有抗拒。可能我们都听烦了，也可能一些话我们听起来毫无意义。而说谎的人做出这个动作，意味着你的某些话正好戳中了他的谎言，所以下意识地选择避开。在判断谎言时，抓挠耳朵起到的作用没有眼睛和鼻子那么直接。这个动作往往是人们对于一些话产生的一种消极情绪的反应，很多时候代表一个人处于焦虑不安的状态。有的人一说谎耳根子就发烫，这也是原因之一，他必须用手抓挠耳朵来缓解发热的感觉，同时本能地害怕被人发现，所以才做出这种掩饰动作。

第四，摸脖子。与谎言有关的小动作中，绝大多数是小心且快速地摩擦某个部位。情报机构认为，脖颈和鼻子一样，在人说谎时会有些细微的反应，必须用手触碰抓挠才可以缓解。这类动作和耳朵发热的情况相似，说谎时脖子会分泌出细细的汗珠，这主要是由于紧张而导致的。有的人在说谎时，这种现象表现得非常明显。

除了刻意欺骗的说谎，很多时候，言不由衷也会引起我们的细微动作反应。假如有人在对我们说一件事时，多次出现这种抓挠脖颈的动作，千万不要觉得他是不好意思或者尴尬，这只能说明他讲述的内容里有问题。由抓挠脖颈衍生的另一种掩饰方式是拉动衣领，或者是揪衣服的下摆。这种动作一般出现在那些确实不擅长说谎的人身上。说话时反复触碰衣服的下摆，这就是一种紧张情绪的体现。撒谎的人会担心自己的谎言被人识破，这种担忧往往会造成一些身体激素的过度分泌，比如耳朵发热和脖颈出汗。还有人撒谎没几句就已经满头大汗，甚至干呕。这都是大脑在本能地抗拒一些不好的事情通过眼睛、耳朵传递进来，从而引起的一种条件反射。

说这些动作都有说谎的嫌疑，是因为这些动作往往都代表着情绪处于紧张焦虑的状态，而人们在这种状态下所说的话，一般都会带有"不诚实"的性质。至于这种性质的"不诚实"是怎样不好，就需要我们结合当时的环境去分析。所以我们要学会的是分辨这些处于不同环境下的动作，综合实际情景分析人们的内心情绪，而不是一看见有人抓耳挠腮扯衣服，就断定此人一定是骗子，过于武断从来不是一个善于观察的人该做的事。

所以还是情报机构时常告诫我们的那句话：观察人的肢体语言，一定要仔细，不能通过我们的主观臆断去推论。每一个动作都代表着一个人内心情绪的反应，而每个人在表达情绪上的反应都不同。一样的动作会基于不同的原因做出来。假如我们认死理，不结合语义环境、周边环境，那得出的答案往往会更加偏离事实。

在甄别谎言上，我们有足够多的优势，只要我们熟悉了肢体语言，准确解读它只是时间问题。因为这个世界上不存在说话没表情没动作的人，双手作为最灵活的部位，在表达情感时总会做出一些小动作，所以想要分辨一个人所说的话是否可信，我们只要足够细心，并耐心地观察，总会得到你想要的答案。

8

Chapter 8

透析赢得好感的微反应

营造快乐的交谈气氛

除了通过接收信息和反馈信息之外，还有一种让对方身心愉悦的方法，那就是营造快乐的交谈气氛。

怎样做到呢？

你要把握好谈话环境对参与者的影响。有人平时性格比较强势，在与人交谈时也会时常暴露这种性格。比如，习惯坐在较高的座位上，询问事情时用质问的口气。而这些都会让绝大多数人产生强烈的不自在感，很多人在这种环境下，甚至会自然而然地闭嘴。所以假如想让对方多说话，增加对方对你的好感，那就一定要注意营造一个平等的交流氛围，不要让对方觉得你在审问他。

传统社交礼仪认为中途打断别人说话是不礼貌的，要避免，但是也有特殊情况。假如讲话者性格随和，并且他确实说到某些鲜为人知、难以理解的理论，那么这时候是可以礼貌地去打断的。这种打断会让对方以为你在认真地听取其意见。而在这个时候，其说实话的欲望就会被激发出来。

一定要记住，与人交谈时避免出现冷场。通常，很多人在说完一段话之后，会有一个思绪的间隔，这时候，尽管对方没有说什么，但实际上他在期待着你的回应。假如你一句话都不说，那么冷场是必然的。对方在这种情况下，就会避免不了尴尬和失望。

所以在你能够感觉到说话者要间隔一段时，一定要事先想好怎样接上他的话，不要让尴尬和失望出现。

此外，小笑话是调节气氛的重要利器。很多时候，一两句俏皮话会让场面变得和谐愉悦，会使对方说真话的欲望大增。

司徒特是美国著名的活动策划师，他干这行已经快40年了，从婚宴、生日宴到辩论会，他成功地举办和主持了近百场集体活动。尽管他现在已经60岁了，但由他主持的各种聚会，绝不会有任何冷场，皆因他善于用俏皮话调节气氛。

有一次，他帮助一家少年戒毒中心举办谈话活动，院方希望这些不良少年能吐露自己的心声，但参与者都是十六七岁误食毒品的少年，这些孩子正处在叛逆期，让司徒特这样的"老头子"为他们主持活动，他们自然很不满意。

所以当司徒特坐在他们中间，希望他们开始谈论自己的吸毒原因时，一名黑人少年很不满地说道："老头子，你是不是进错房间了？别以为你很懂我们，实际上你知道得远远不够。"

司徒特很有风度地摆了摆手："小子，这话应该我对你说才对，别以为你很懂我。我年轻过，但你们老过吗？"

黑人男孩顿时语塞，其他人则因为司徒克的话笑了起来，气氛缓解了许多。有几名脾气温和的少年开始谈起自己，司徒特时不时地插上一句。

其中有个姑娘谈起她刚上高中时爱上了街头的一个小毒贩子，所以开始了吸毒，为此她觉得自己很没用。司徒特幽默地劝解道："在一万个小伙里看上最浑蛋的那个，犹如探囊取物般轻松。小姑娘，你好有本事啊。"

就这样，几乎所有的年轻人都谈到了自己的吸毒经历，院方做了详细记录，并针对每个人单独制定了疗程，最后将他们全部治愈。

　　司徒特的谈话智慧几乎涉及了一切能够影响谈话效果的因素：谈话者双方地位的设定、语言本身的幽默程度、插话的时机等等。

　　就像前文所言，做到这些，可能需要考虑到很多细节的层面，控制起来或许会有难度，但我们可以提供一个比较简单的办法：我们在谈话时保持愉悦的心态。这样的话，即使对氛围的控制技巧没有那么好，我们愉悦的心情也可以影响其他人。而一旦形成了愉悦的氛围，那么，他人对你的好感自然不会低了。

记住对方的名字很重要

在我们的生活中，有一个非常常用的现代汉语词语——"名声"。

从字面上看，似乎可以理解为名字的声音。这么理解固然有失严谨，但却很能说得通，因为这个词几乎就是表达了名字的声音：当你的名字被很多人诵读时，你就有了名声，所以又有了"出名""成名""功成名就""扬名立万"……

汉语里几乎一切形容一个人事迹彰显的词，其词根都是名字的"名"。

只有东方这样？不，在西方也同样如此。

在古罗马，几乎所有领域最高荣誉的奖赏，都不是封地或金银赏赐，而是直接把荣誉职衔加入名字。比如，一个人叫凯乌斯·昆塔斯，假如他武勋超凡，那么他的名字将被元老院拓展，成为凯乌斯·昆塔斯·克里奥兰纳斯（大将军勇武者）。假如他做了皇帝（罗马皇帝非世袭），那么，他将被叫作凯乌斯·昆塔斯·奥古斯都·恺撒。

《圣经·旧约》记载的十戒中的第三戒——"不准滥用我的名"；《新约·马太福音》里著名的基督教主祷词，第三句就是："愿您的名彰显为圣。"

哈美洛现在住在得克萨斯的小镇上，他和他的家人本来住在波士顿，当他决定搬到德州时，他的家人几乎都很反对。

因为哈美洛是犹太人，在民间舆论相对宽容的波士顿还好，至于得克萨斯就不那么宽容了。

德州是美国本土面积最大的州，位于美国中南部。这里的人以保守、好斗著称。几乎所有的德州人都是基督徒。德州是美国少数几个没有废除死刑的州之一，不仅如此，德州甚至有一个专门的"死刑法庭"，用来讨论通过死刑判决。

而身为犹太人，哈美洛的家人以为他在德州根本不可能生存下去，因为犹太人和基督徒的信仰是冲突的。

好在哈美洛对此并不害怕，临走时，他笑着安慰家人："要相信我的人格魅力。"

八个月后，哈美洛的妹妹要来德州看望他，其实他的妹妹也是接受了父母的"旨意"，假如哥哥在德州混得不好，说什么也要把他带回家。

两人相约在一家中型餐厅见面。

妹妹进到餐厅以后，本来准备看到哥哥哈美洛被冷落的场面，结果，她看到哥哥正在和一个长相甜美的女店员火热地聊着天。

这样的心理反差令妹妹非常惊讶。

哈美洛也看到了妹妹，马上喊道："嗨，这儿！"然后给两人做介绍，"这是我妹妹，专门从波士顿赶来看我，她喜欢吃总汇三明治，多加一倍西红柿。亲爱的妹妹，这是苏珊，最美的餐厅服务生。"

店员笑着点了点头，从妹妹身边走过时，笑着对她说："你真幸福，有这样的好哥哥，我从来没见过这么好的犹太人。"

这更令妹妹惊讶：她本以为哥哥是隐瞒了自己是犹太人这件事，才赢得女店员的喜欢，没想到……

有些惊呆了的妹妹坐到哈美洛面前，刚想问什么，门再一次被推开，进来几个膀大腰圆的大汉，身上文着刺青，有的文十字架，有的文圣母像。先进来的人毫不客气地喊道："嗨，我们来了，每人照老样子，两个汉堡！嗨，这不是我们可爱的犹太佬吗！"

显然这个领头的看到了哈美洛，他大步流星地向哈美洛和妹妹走了过来。

刚坐下的妹妹立刻吓坏了，她从这人的圣母文身上看出来，这个彪形大汉肯定是虔诚的基督徒，对犹太人没有好感，甚至她以为这人是来找碴儿的。

没想到的是，大汉把哈美洛从座位上拉起来，很用力地拥抱了他。哈美洛则放肆地拍打着大汉的后背，夸张地大叫："巴勃罗，你这头臭熊，看在上帝的分上，我的后背要被你压断了。"

两人亲热地互相调笑了几句，看得妹妹目瞪口呆。等大汉走后，妹妹指着他，结结巴巴地问哈美洛："……你是犹太人这件事都告诉他们了？"

哈美洛："当然，没什么可隐瞒的。"

妹妹："但……那个女服务生也好，那个大个子也好，你怎么和他们那么要好？"

哈美洛笑着说："大个子是我的好邻居。他是个拳击手，绰号灰熊巴勃罗。我刚到这里时，他帮我搬家具，搬电器，我们都是火箭队球迷。我没买车时，他好几次还开车带着我去休斯敦看比赛。"

妹妹："可是，他为你做了这么多，你为他做过什么？"

哈美洛："只有两件，第一件是询问他的名字。"

妹妹："这算什么……第二件呢？"

哈美洛："记住它。"

"询问一个人的名字，然后记住它"，哈美洛作为一个另类，广受大家欢迎的秘诀全在这里。

我们不禁要问，社交场中最重要的品质是什么？

谦和的气质？

敏锐的观察力？

丰富的学识？

成功学奠基人卡耐基教授会告诉你，记住对方的名字很重要。

其实早就有心理专家做过测试，当你拜托别人帮忙时，假如称呼了对方的名字，那么成功率在百分之九十左右；而假如不说出对方的名字，那么成功率在百分之五十左右。

再仔细想一想，在各国影视剧作品中，往往会有这样一个片段：一个地位高的人侮辱地位低的人，会称呼他为"你""那个谁"，即便两人朝夕相处，他也永远记不住对方的名字，而正是因为这一点，会遭到对方极端的报复。

所以记住名字，称呼名字，会让你在对方心中成为"自己人"。这样可以迅速打开与人之间的情感障壁，没有比这更快的办法了。

送礼的深层次心理原因

送礼，恐怕很多人会以为这个词是中国人独创的。确实在中国民间，无论是喜事还是丧事，都要送些礼金聊表心意。

但是，送礼绝对不仅限于中国，在日本，中元节和岁末的主题就是互赠礼物；而西方人，则把送礼的时节选在圣诞和生日。生日礼物，其实就是西方传入东方的一种文化习惯。这种文化传入几乎没有遇到任何阻碍，第一时间就被保守的东方文化所接纳。

可见无论东西方，人们对于送礼的热衷程度都是很高的。为什么会这样呢？这里面有深层次的心理原因。这种心理原因，简单地说，可以用一个成语来概括：睹物思人。

在《红楼梦》里，平时不怎么做针线活的林黛玉缝过一对香囊，把其中的一个送给贾宝玉。后来林黛玉误以为贾宝玉把那香囊赠予小厮，于是气急，便把留在自己手里的那个香囊剪碎，差点和贾宝玉断交。之后，贾宝玉解释说香囊只是贴身放着所以看不见，这才让林黛玉回心转意。

一个小小的香囊，就闹出了这么大的风波，可见小礼物只要带着心意，便无比珍贵。当然，或许很多读者看到这里就会有疑问：那香囊不是黛玉给宝玉的定情信物吗？

是的，其实我们平日里送的小礼物，何尝不也是定情信物，只是香囊定的是爱情，我们的礼物定的可以是友情或亲情。

齐小琴是一个南方女孩，高考考进了东北的一所大学，毕业后，她找了一份很不错的工作，留在了那座城市。一个南方女孩，留在文化差别很大的东北城市，起初有些不适应，她的父母最担心的也是齐小琴会没人照顾。

但她的父母所不知道的是，齐小琴根本就不需要被担心，因为在各方面她都做得游刃有余。

在事业上，跟她一起进入公司的一共有七名新人，只有她在两年里就两次升职。

这让同时跟她进公司的很多人觉得奇怪，因为这些人有的家里有些背景，有的则给高层领导送过重金，尽管搞过这些小动作，但大都只升了一级。更让这些人惊讶的是，那些被自己收买过的领导竟然跟齐小琴关系比较要好。尽管大家不会记恨齐小琴，但他们却对此大惑不解。

其实原因很简单，齐小琴每年大概要回两次家，每次回家，她都会在家乡带一些特产回来送给领导。东西尽管算不上贵重，但至少很别致，都是东北人不太常见的东西。

这让几位领导很开心。

不仅仅如此，齐小琴跟同办公室的同事们处得也极为要好，原因也是她经常送一些小礼物给他们。比如，东北的端午节有在手腕、脚腕上系五彩绳的习俗，而齐小琴办公室的同事偏巧都是外地的年轻人，父母不在身边，所以每逢端午节也得不到什么相应的小物件。这时候，当齐小琴见到有小贩卖五彩绳时，必然会买几股，自己留一股，剩下的送给她的同事。

尽管每次只是一两件节日小礼品，但却温暖着同事们的心。

齐小琴每年的礼物预算，最多几百块钱，但换来的却是上司和同事们的开心。她和那些利用旁门左道送重金走关系的人截然不同，前者带着赤裸裸的功利心，有求于人，而齐小琴则无求于对方，一切只是礼节和人情。

很多时候，我们把人情理解得过于功利，以为人情就一定是有所图，其实，人情只是挂念着对方，然后通过一种赠送礼物的方式表达出这种挂念。所以赠送礼物的重点在于坦诚自然，切忌临时抱佛脚，在有求于人时送礼会适得其反。

除此之外，选择礼物时，也有一些注意事项。

第一，要搞清对方的忌讳，针对不同的人送不同的礼。

第二，要送一些感官上具有独特性的礼物。

东北没有腌制火腿的习惯，所以齐小琴送给领导的火腿必然让对方觉得很新奇。而且火腿对于东北人来说味道极为奇特，又是非大量消耗品，每次做菜放一些就可以使菜产生一股奇异的香味，所以每次吃饭，他的领导可能都会不由自主地想到这个有礼貌的南方姑娘。

第三，礼物要抓住对方的心理需求。

在年节期间，由于种种原因，同事们或许无法吃上粽子，绑上五彩绳。

他们嘴上再怎么坚强，心里多少也会有些失落，所以送他们一些小礼物，一定会温暖人心的。

送礼本身没有什么问题，但是一些别有用心的人会利用送礼的机会做些违法的事情。所以是哪一种结果要看你的主观意愿：是为了谋私利还是为了表达心意。

假如你的意愿在于后者，那就请抛开一切心理负担，大大方方地送吧。

用提问的方式赢得好感

1999年，我在上大学时，父亲曾叮嘱我：假如有任何专业问题没学懂，就直接去问教授。

我反问：教授会不会因此而觉得反感？

父亲说：绝对不会，真正的学究们巴不得把自己的东西传授给其他人。

我上大学之后按照父亲的嘱咐去做，不到两个月，我就发现几乎所有的讲师和教授我都能相处得很好。

如今已离开象牙塔很多年了，才明白父亲的嘱咐，这实际上道破了绝大多数人的一个共有的性格问题：好为人师！

所以无论多小的人物，无论他有多少求知欲，都不妨碍他有很强的"被求知欲"。无论是谁，他们都希望自己的知识像蒲公英的绒毛一样传播。而满足了对方这方面的心理需求，也就能赢得对方的好感。

松下电器创始人松下幸之助就是通过一个问话，取得对方好感的高手。

一开始，松下的作坊很小，只能做电灯泡。当时跟着松下一起创业的，有不少是各电器作坊的熟练工。

松下除了经常和当时的伙伴一起辛苦工作外，还常常询问这些工人一些技术细节并且给予积极肯定，而工人们对松下的问题不但不觉得烦，反而很热情地为他解答。更重要的是，他的下属因此反而很喜欢他。

松下集团做大之后，松下幸之助同样没忘记怎样通过提问来让手下人喜欢自己。

每次他的员工来报告工作，松下都事无巨细地问个清楚，实际上他没必要问得这么详细。但他这么问，员工们却很享受，在一起讨论时常说：社长他总是让我们觉得自己是被需要的。

通过提问，松下幸之助获得了手下员工的好感，这不得不说是一项很厉害的能力。但是，很多朋友或许会提出疑问。松下幸之助主要活跃于20世纪中期，那么到了21世纪，这个办法是否还有效呢？

答案是肯定的。

为什么呢？

让我们把注意力从日本转到互联网上，你会看到无数的博客、各种社区的各种状态，很多类似"今天被领导批评，好伤心""老公给我做了鱼香肉丝，好开心"等等。而社交网络巨头facebook的诞生，更是标志着人们几乎把自己的一切挂在网上与陌生人分享。

尽管，我们国家的法律对公民隐私的保护越来越完善，但人们却喜欢把自己的各类隐私大摇大摆地贴在网络上，晒幸福、晒生活等网络现象应运而生。

这其实显示了人类的一个共同心理需求：渴望被交流，渴望被瞩目，渴望自己的信息被无限量地传播。

下面我们来讲讲政治家田中义一收买人心的方法。

田中义一有跟属下闲聊的习惯。

有一次，他去参加大藏省会议，其他内阁成员还没到，所以他就跟坐在门口的传达员闲谈起来。谈着谈着，田中忽然问道：

"你父亲可好？"

传达员觉得不解，然后答道："劳您挂怀，他身体还好，只是最近在札幌受了些寒。"

田中："哦，北海道的春风同样刺骨啊。望令尊早日康复。"

传达员充满感激地点了点头。

会后，田中的贴身侍者奇怪地问："阁下认识那人的父亲吗？"

田中摇了摇头："当然不认识，但每个人都有父亲不是吗？"

尽管田中老奸巨猾，又是军国主义先锋，但这种通过巧妙提问来温暖人心的技巧，确实是我们需要学习的。

聆听加赞赏，会有意外收获

在社交中，最直接赢得好感的方式，就是积极地肯定对方。而在对方发言时，这种积极的肯定，更多的体现就是——聆听。

很多人以为聆听的人只是信息的接受者，是被动的一方，是无法左右发言者情绪的。其实不然，一个好的聆听者会让说话者产生巨大的愉悦感，而发言者必然会对聆听者产生好感，所以做一个好的聆听者，同样会赢取对方的好感。并且在聆听的同时，我们还要表达出自己欣赏、赞同之意，而表达欣赏，需要一些技巧，其中，一部分是肢体技巧，另一部分是语言技巧。

我们所说的语言技巧，其实可以理解为一种信息反馈。一个人向另一个人表达想法时，即使不需要对方回答，也需要对方的反馈。试想，假如某人对我们说了一大堆话，而我们岿然不动，那么，他一个人怎样把问题继续进行下去呢。

所以恰如其分的信息反馈，能够维持发言者的正面心态和继续说下去的动力：一个人说"我饿了"，那么他需要的反馈就是"想吃点什么"；当一个人说"来一趟我的办公室"，那么他需要的反馈就是"马上，先生"。

当一个人表达某种意见的时候，他希望反馈者反馈的信息至少是正面的。他一旦收到了负面的反馈信息（往往体现为否定甚至苛责），那么其心理波动就会非常大。所以一个好的聆听者，必须坚守一条原则：不要直接反驳对方。

在一次教师聚会上，几名教师讨论教学心得，很快大家就谈到所有人都头疼的"差生"问题，而主要的发言者是王老师，他和李老师交换了意见。

王老师是这次聚会的核心，是其他老师的领导，这次聚会，可以说众人是围着他转的。大家都希望他能多发表一些意见，从中学到一些东西。他说：我的字典里没有"差生"这个词，所有的学生都应被一视同仁。

而李老师是优秀的年轻教师，他则以为，把学生分成"好""中""差"三个水平，然后给予不同的教育待遇和教育资源，因材施教，才是解决"差生"问题的好办法。

两个人的观点是对立的，搞不好就会引发一场激烈的争论，但聪明的李老师没有直接反驳王老师，他这样说："王老师的这种没有'差生'的情怀，实在让人肃然起敬。但可能是由于我的性格太极端和太直接，所以对于很多成绩差的学生无法适应，不如把他们放在一起，看看有没有别的才能。"

李老师的话马上引来了其他老师的附和，也让王老师听得频频颔首，王老师继续说："李老师谦虚了，你的成绩我们有目共睹。你说的情况呢，我确实没有考虑到，确实教师们的性格不同，所以不能一味地把某种方法订立为最佳方法。我谈谈我这些年的教学经验，大家看看有没有什么意见或建议……"

接下来，王老师又谈了很多宝贵的经验，李老师和其他老师自然交口称赞。通过这次会议，年轻的教师们也从王老师那里学到了很多。

文中的李老师就是个优秀的信息反馈者。尽管他不赞成王老师的话，但却做出欣赏对方的姿态，可实际上却反驳了对方，表面上丝毫看不到这个意思。这堪称聆听的最高境界了。

　　其实信息反馈的宗旨很简单：不管你有没有认真听，都要让对方觉得你在认真听；不管你赞不赞成，都要让对方觉得你是赞成的。只有这样的聆听者，才有让讲话者继续讲下去的欲望。

　　除了用口头语言反馈之外，身体语言反馈也很重要。

　　一次能让对方产生愉悦感的好的聆听，必须要做到"用全身去听"。

　　你要面带微笑，然后对于对方所表达的观点频频点头。当然这种点头是有机的，要根据对方说话的节奏来把握。

　　你的身体最好前倾，角度不要太大，把握到让对方觉得你很认真地在听他的话即可。

　　对于目光直视对方这一点，很多人以为交谈时始终直视对方的眼睛会让对方感觉好，这是个误区。因为自始至终的直视会让对方产生较大的心理压力，而且一次好的聆听，你要表现得时刻在思索对方所说的话。

学会放低姿态

在生活中，每个人都想成为万众瞩目的焦点，但社会竞争的潜规则却告诉我们：树大招风。假如你处处显得比他人优秀，争强好胜，那么你往往会成为众人的靶子，所以更多时，你应该学会放低姿态。

的确，无论是在生活中还是工作中，假如能够得到大家的喜欢，那么我们将会一帆风顺。在工作中左右逢源，每个人都想做到这样。但要想被别人喜欢，我们就要放低自己的姿态，这样，大家才会接受你。假如我们始终把自己放在一个高高的位置上，那么不管我们怎样努力，别人也会排挤我们，甚至远离我们。

郭子翔出身于名校，顺利进入了一家大型企业，所以他对自己的职业发展前景充满了期待。而他自身能力也比较出色，所以销售业绩快速提升，深受领导的器重。

在工作中郭子翔勤于观察，善于思考，很快他就发现公司存在着诸多弊端，于是他经常向销售主管透露，但主管的回复总是冷冷地："你提的意见很好，我会在下次会议上针对你说的问题让大家讨论。"但是等到下次会议时，主管并没有将他的意见提出来让大家讨论。

所以郭子翔对主管觉得非常不满，他决定自己去竞争主管的位置。在公司的年终总结会上，郭子翔说了自己的想法，并且建议公司实行竞争上岗的制度，"能者上，庸者下"。郭子翔的意见刚说出口，整个会场就变得鸦雀无声、一片寂静。总经理表态肯定并称赞了他的想法，以为非常有新意，符合这个社会的竞争趋势，但是并没有针对他的意见深入讨论。

会议结束后，郭子翔发现大家看他的眼光都变了。那些原来很要好的同事也对他敬而远之，主管对他更是冷言冷语。更令郭子翔大感不解的是，竟然有人在总经理那里打报告，说他收受回扣，违规操作，泄露本公司的机密，等等。迫于这种压力，最终郭子翔只能选择了辞职。

郭子翔无疑是一个有能力的人，但他为什么最后失败了呢？其实就是因为他过于锋芒毕露，成了出头之鸟，从而成为众矢之的。他总以为只要自己的能力强，就一定能够得到大家的尊重，但事实却恰好相反。所以说，能力强是一件好事情，但我们更要懂得放低姿态，毕竟职场不是你一个人的天下，你还需要和周围的同事保持良好的关系。

张胜是某国企的一名新员工，因为是技术人员，所以大家都很关照他。这年夏天，公司总经理周经理要去省里参加一个关于科技方面的会议，所以把懂技术的张胜带上了。

在会议期间，张胜对周经理照顾得可谓无微不至，在宴席上挡酒，在会议中当翻译，口渴时倒茶，天热时送上风扇，这让周经理对张胜多了一层欣赏。回来不久之后，周经理就把张胜提拔为自己的秘书。

张胜当了秘书后，发现周经理酷爱下象棋。根据周经理的脾气，张胜既不能胜他，以免背上骄傲自满的罪名，也不能轻易让他取胜，使他以为自己没有本事。于是，和张胜下棋，竟然成了周经理的一种乐趣。每逢有人和周经理提起他的秘书，周经理就说：

"人聪明而不骄傲，难得。"很快，张胜就被提升为经理助理。

在职场中，假如你发现自己的上司在某些方面不如自己时，放低姿态就显得尤为重要。毕竟你还是他的手下，太过于锋芒毕露，难免会让他觉得你超过了他的智慧和判断力，打击了他的自尊心。

我们每个人都有自己的野心，但是不要将你的志向和目标轻易表露出来。假如你想获得大家的支持，那么你就要学会放低姿态，这才是我们打造人际关系的大智慧。

学会迎合别人的兴趣

　　我们都知道，假如能够找到两个人之间的共同点，这两个人就可能生出"同病相怜"的感觉，这样他们就会彼此喜欢或者吸引。也就是说，只要我们懂得投其所好，不断扩大自己与对方的共同点，迎合别人的兴趣，那么，就能让别人对自己产生好感。否则，与别人接触起来就比较困难。

　　一个人假如只顾自己的喜好，总是热衷于自己感兴趣的事情，不顾及别人的感受，那么，他和别人之间就会存在很大的障碍，这样交往就无法继续下去。不管什么时候，都要找到与对方的共同点，投其所好，这样才能赢得对方的好感，进而实现你的目标。要想让别人信任你说的话，让别人认可你的想法，并按照你的想法行事，那就首先需要人们对你或者对你的想法产生正面的积极的情感反应。所以投其所好，你会发现很多事情都会变得非常简单。

　　有一个球迷和一个歌迷两人是邻居，本来是不错的朋友，可是有一天，球迷刚刚欣赏完一场球赛，兴奋不已，于是，他准备出门散步。在散步的过程中，他遇到了这位歌迷朋友，正好，这个歌迷刚欣赏完一场演唱会，也很兴奋。于是，两人一见面，都迫不及待地想要诉说自己的喜悦和兴奋。

　　球迷开口说："你看世界杯了吧，真是太精彩啦！"歌迷说："我刚看完演唱会，简直太棒了！"球迷又说："马拉多纳的脚法真棒！"歌迷却说："真是很棒！麦当琳的嗓音真好！"球迷接着说道："马拉多纳有一脚球传得略高一些……"歌迷却回答："一点也不高，那种声音真是让人流连忘返。"

这时，歌迷一时激动，边说边唱起来。这下，球迷生气了，对歌迷说："演唱会一点意思都没有。"一听这话，歌迷不高兴了，立即反驳道："足球赛才没意思呢，满场人围绕一个球在跑，太没趣！"就这样，他们开始争吵起来。从那以后，这两个人每次见面总是苦大仇深，相互瞪眼。

人们普遍都有"同病相怜"的心理，喜欢那些与自己在某一方面相似的人。假如我们能够抓住这个心理特点，就很容易打动别人的心，得到别人的认同。你要投其所好，跟对方谈论他最感兴趣的、最喜爱的事物，调动你的智慧和才能，向别人发起心理攻势，直到让对方认同你。假如你学会了这个方法，那么，对方就会离你越来越近。

要知道，每个人的性格都不一样，而且每个人的兴趣也不可能都一样。那么，怎样才能找到双方的共同点，怎样才能做到投其所好呢？

善于倾听对方的想法

善于倾听对方的想法是投其所好的首要条件，假如你不去倾听他的想法，那你怎么可能知道他喜欢什么？只有了解了别人的需求、期望，才能投其所好，而这些都需要通过倾听去获得。很多人只喜欢说而不喜欢听，一味把自己的爱好强加给别人，这样的人不管走到哪里，都是不受欢迎的。

假如你能专注倾听别人说话，自然可以了解到对方的心理需求，这时你才能集中心力去满足他的需求，然后才能解决问题或发挥影响力。

不愿倾听，就无法与别人进行顺畅的沟通，会影响到人际关系。通过倾听，双方的思想可以互相交流和融合，这样，更有利于别人说出内心的问题、想法、意见和要求，而你就可以针对别人的意见和要求做出相应调整，从而做到更好地与别人交流与沟通。

找到对方感兴趣的东西

一般情况下，假如当你向对方说出自己的想法时，他们不在意，没认真听，只是专注于他们自己的事情，你就应该尽快停下来，并找出他的兴趣所在，或者让他发表自己的意见，把他的注意力吸引到你这里来，继续交流下去。找到双方兴趣上的共同点是很重要的，只有对方对你所讲的东西有兴趣，你们之间的交流才会融洽。所以要先满足对方的想法，引起对方的兴趣，激发对方的好感，这样才能事半功倍。

在人际交往中，假如我们想获得对方的支持，就要适当地运用"同病相怜"的心理，先拉近彼此的心理距离，然后再提出自己的想法，这样就容易获得对方的支持。

与交谈者保持相同的节奏

位于科罗拉多州的ADX监狱，是美国著名的第一大监狱。关在这里的案犯，大多是罪证确凿并且犯罪情节恶劣的重刑犯。关于ADX监狱，在美国还流行着一句俚语："进了ADX，这辈子就再难有出头之日了。"

毫无疑问，担任这种监狱中犯人的辩护律师是一件非常艰难的工作。

在委派珍妮去帮一个二次越狱被抓获的犯人辩护时，就连律师所的所长都没有抱太大希望。

"早上好，先生。假如您希望在这次的审判中能够获得从轻判决的结果，那就请配合我，谈一谈这样做的原因。"在隔离室里，珍妮这样对自己的委托人说道。但是这句套话并没能起到应有的效果，犯人只是抬了抬眼皮，轻轻哼了一声："有什么区别吗？"

"有什么区别吗？"珍妮将犯人的这句冷哼轻轻重复了一遍，"我们都知道，想要从ADX越狱可不容易，被发现的概率高达95％以上。假如被再次抓住的话，那等待你的就是无限期的延长刑期。我看了你的档案，并不是无期，只是十五年的有期徒刑，现在已经过去了快十年的时间，为什么在这时候要再次越狱呢？"

"就算告诉你了又怎么样？"犯人双手揉搓着额头，显然心情十分糟糕，"你能满足我的愿望吗？你能把我从这儿弄出去吗？"

"很遗憾，先生，这一点我大概办不到。"珍妮也皱起眉头，用手轻轻揉着额头，"不过，你可以说一说你的愿望，说不定我可以帮你办到。"

"这是不可能的。"说完这句话之后，犯人就扭过头去，显然是不打算再跟珍妮交流了。

然而，珍妮并不气馁。

"说起愿望来，可真是一个美好的词呢。我记得小时候，最大的愿望就是能够在圣诞节时得到一辆三轮的脚踏车。我把这个愿望写在纸条上，放进床头的袜子里，结果，第二天真的有快递员把它送上门了……"

犯人并没有搭理珍妮的自言自语，但把脸转了过来，深深地埋在自己的臂弯里。

"长大之后，我的愿望就是当一名优秀的律师。可是做到这一点并不容易，要知道，一个好律师必须要站在自己为之辩护的那一方，绝对不能掺杂进自己私人的感情。"珍妮微微叹了口气，"可是很多人就像你一样，他们不相信律师，所以想要实现这样的愿望很难呢，但这也是我父亲的愿望啊！"

"是这样的吗？"犯人在臂弯中发出瓮声瓮气的声音。

"所以说，即使你今天不让我实现我的愿望，我也想听一听你的愿望。之所以叫作愿望，是因为要说出来才可能实现啊。"

犯人被珍妮的这番话触动了心扉，终于低低地哭泣起来。最终，他坦白了自己两次越狱的原因。原来，他的老母亲住在乡村的农场里，而她最大的愿望就是儿子能够出人头地。他一直没敢将自己因为盗窃罪而入狱的消息告诉她，就连平时的信件也是委托朋友寄给母亲的。

可是，就在一个月前，朋友带给他母亲已经病危的消息，她希望在临终前见自己儿子一面，他这么想着，但是又不希望在申请后遭到驳回，或是被囚车押解着去见母亲，所以才出此下策。

越狱的原因最终得以明了，在珍妮的努力下，法官也法外开恩，允许这名犯人在警员的看守下穿便装去探望母亲。

这是一个让人感动的故事，也是一个真实的故事，发生在1994年。

回头看珍妮说服犯人的过程，我们不难发现，她除了动之以情、晓之以理之外，还用到了一个心理学的策略，这个策略的定义就叫作同步意识。

所谓的同步意识，与它的字面意思一样，是指人们利用与交谈者保持相同的节奏、语调、说话的心境等，利用这种协调感来影响他人的潜意识，让人觉得安心，可以亲近，从而达到接近交谈者，得到他的信任的目的。

每个人都会喜欢与自己步调一致的人，这是人类与生俱来的本性。那些能够配合自己的手下、能够理解自己的上司与朋友，都会更容易被自己所接受并喜爱，这正是同步意识所起到的效果，也是吸引力法则的特殊表现。

在上面的案例中，珍妮运用了表达同步意识最显著的一个技巧，叫作同调语言。模仿对方说话时所用到的词语或是口头禅，并且多次强调，这对于打开对方的心扉具有强烈的促进作用。

珍妮所强调的同调语言，正是"愿望"两个字。通过多次强调"愿望"，她才能够逐步瓦解犯人坚固的心理防线，让他从心底接受自己。

除了模仿语言之外，模仿肢体动作也能够引起对方潜意识的好感。在谈话过程中，做出与对方相同的姿势或是动作，让对方产生

"照镜子"一样的感觉，从而不自觉地产生亲近感，这也是能够让对方在潜意识里觉得安心和开心的办法。

所以想要获得一个陌生人，甚至是对自己有戒备的人的信任和好感，并不是毫无办法的。只要能够巧妙地运用同步意识，模仿他说话的方式、节奏、心态和动作，就能够轻松做到。

让对方说出隐藏在表象下的另一面

　　美国著名的营销专家特德·维莱特一次在接受媒体采访时说过这样的一句话："说起'对付'那些新顾客，走进他们心里的技巧，我一般用到的只有一个，那就是尽量拣他们没有表露在外的优点来夸赞。这很容易让他们觉得我与众不同，从而对我另眼相待。"

　　他不仅是这样说的，也是这样做的。有一次，他去拜访一位出了名的脾气直率的百万富翁，当时那位富翁正在举办一个酒会，对他并没有过多理睬。

　　酒会上，每一个人都在恭维那位富翁，赞美他出手阔绰，能力超群，甚至连他新婚的年轻妻子也被列入了奉承的对象之中。但是很显然，这位富翁对于类似的吹捧已经听得太多了，所以根本不放在心上。

　　维莱特走上前去，向那位富翁举起手中的酒杯，说："一直都听说您是一个说一不二、雷厉风行的人，但是没想到您的眼光却如此独到，简直是心细如发呢。"

　　"哦？何以见得？"富翁被维莱特的话勾起了兴趣。

　　"假如我没有猜错的话，这次用来宴客的酒品是来自德国的冰果酒吧？这种酒虽说没有法国的波尔多红酒那样出名，但在口感和价格上更胜一筹，因为它是在零下8摄氏度的环境下采摘结了冰霜的葡萄所酿造成的，喜欢喝这种酒的人无疑有着独特的品位。"

见富翁眼睛一亮，维莱特知道自己说对了，于是接着说道："就连这次酒会所用的酒杯，也不是普通的玻璃杯呢。德国的圣维莎水晶杯能够更好地保持冰果酒的原味，假如不是心细如发，又怎么会了解到这一点呢？我想，您之所以能在商业领域里取得如此成就，并不仅仅在于您的果断，注重细节也是关键性的一点吧？"

这番话简直说到了富翁的心里去，这么多年来，人们看见的总是他雷厉风行的一面，从来没有人注意到他的细致入微。如今，好不容易出现了这样一个人，他怎么能不觉得兴奋呢？

就这样，维莱特不费一兵一卒，就轻易地取得了富翁的好感，跟他成了好朋友。

在这里，维莱特所用到的心理策略，叫作巴纳姆效应。这个效应源于1948年著名的心理专家巴纳姆·福瑞尔所做的一个实验。他让一批学生参加了一个性格诊断测验，然后将从街边买来的杂志中拼凑的几个句子发给他们，提示他们这是测验结果。令人惊奇的是：学生们以为测验报告的准确率高达86%，甚至有41%的学生以为"符合自己的性格"。

之所以会产生这样的效应，与人类对自我的了解程度是分不开的。每一个人的性格都不是一面的、单调的，而是复杂又矛盾的纠结体。一个人除了平时表露在外的一面外，一定还有着不为人知的一面。而这一面一旦被人看出并指出来，就代表着观察者是深入且用心地观察自己，被观察者就会放下所有的防备，由衷地产生敬佩和信任的心理。

在日本，许多有名的算命师，都深谙巴纳姆效应的精髓。

下班时间到了，但仍有一位客人敲开了算命师办公室的大门。

"你最近过得不太顺吧？"当那位西装革履、满脸疲惫的算命者进入房间时，算命师这样淡淡地问道。

"是的。"算命者点了点头。

"最近觉得压力很大，那件事压得你喘不过气来吧？"算命师的眼睛像是能够看穿算命者的心一样，紧紧地盯着他。

"没错。"见算命师猜中了自己的心思，算命者顿时吃了一惊，但很快平复下来，"最近工作上的压力很大，有时候都觉得自己快要疯掉了，但是领导还是不断地指派任务下来，我是元老级的员工，得给下面的人做榜样……我不知道是该这样隐忍下去，还是提出抗议……"

"其实你心中已经有了一个主意了，但还是没有下定决心，对吧？"算命师缓缓地说道，"尽管你看起来很成功，但实际上却过得很累，身为一个人，谁都难免偶尔有懈怠和懒惰的心思。不过，你却能很好地克服它，克服所有的困难，这只是需要一段时间、一个过程。你的脆弱与失落只是一时的，只要你坚信，一直存在于你心灵深处的坚忍不拔的精神，会帮你克服所有的困难。"

"我明白了。"

尽管算命师并没有明着说什么，但是算命者的脸上已经露出了自信的笑容。他由衷地感谢了算命师，抬头挺胸地走了出去。

这位算命师看起来像是"神机妙算"，但实际上，这过程并没有那么玄妙，她只是善于观察总结，从算命者的穿着、表情和话语中得出他不为陌生人所知的性格特点，再一语中的而已。

从这些发生在身边的例子中，我们可以了解到：假如能让对方说出隐藏在表面现象下的另一面，能够取得多么大的效果。

但是，想要准确地说出对方不为人知的一面，并不是那么容易的事。除了要注意观察，从细微之处揣摩之外，还有一个翔实而有用的技巧，那就是谈论"矛盾"的一面。

一个人假如外在看起来很坚强，那么在某些特定的环境里，一定会有脆弱而疲惫的一面；一个人假如看起来很精明很会赚钱，那就一定也会有大方不计较的一面；一个人假如总是乐天知命的模样，那就一定也会有忧郁无助时。

这些与表面现象截然相反的一面，也许连他本人都没有认真地总结过，假如能被你提出来，那就一定会产生令他惊喜的效果。